大众力学丛书

拉家常·说力学

武际可　著

中国教育出版传媒集团
高等教育出版社·北京

图书在版编目(CIP)数据

拉家常·说力学/武际可著. —北京：高等教育出版社，2008.6(2026.3重印)

ISBN 978-7-04-024460-1

Ⅰ.拉… Ⅱ.武… Ⅲ.力学-普及读物 Ⅳ.O3-49

中国版本图书馆CIP数据核字(2008)第067335号

策划编辑　王　超　责任编辑　张玉海　封面设计　沈　冬　殷君承　责任绘图　尹　莉
版式设计　陆瑞红　责任校对　王　超　责任印制　刁　毅

出版发行	高等教育出版社	咨询电话	400-810-0598
社　　址	北京市西城区德外大街4号	网　　址	http://www.hep.edu.cn
邮政编码	100120		http://www.hep.com.cn
印　　刷	涿州市京南印务有限责任公司	网上订购	http://www.landraco.com
开　　本	880×1230　1/32		http://www.landraco.com.cn
印　　张	7.875	版　　次	2008年6月第1版
字　　数	190 000	印　　次	2026年3月第4次印刷
购书热线	010-58581118	定　　价	15.00元

物 料 号　24460-00

中国力学学会《大众力学丛书》编辑委员会

中国力学学会《大众力学丛书》总　序

科学除了推动社会生产发展外，最重要的社会功能就是破除迷信、战胜愚昧、拓宽人类的视野。随着我国国民经济日新月异的发展，广大人民群众渴望掌握科学知识的热情不断高涨，所以，普及科学知识，传播科学思想，倡导科学方法，弘扬科学精神，提高国民科学素质一直是科学工作者和教育工作者长期的任务。

科学不是少数人的事业，科学必须是广大人民参与的事业。而唤起广大人民的科学意识的主要手段，除了普及义务教育之外就是加强科学普及。力学是自然科学中最重要的一个基础学科，也是与工程建设联系最密切的一个学科。力学知识的普及在各种科学知识的普及中起着最为基础的作用。人们只有对力学有一定程度的理解，才能够深入理解其他门类的科学知识。我国近代力学事业的奠基人周培源、钱学森、钱伟长、郭永怀先生和其他前辈力学家非常重视力学科普工作，并且身体力行，有过不少著述，但是，近年来，与其他兄弟学科（如数学、物理学等）相比，无论从力量投入还是从科普著述的产出看来，力学科普工作显得相对落后，国内广大群众对力学的内涵及在国民经济发展中的重大作用缺乏有深度的了解。有鉴于此，中国力学学会决心采取各种措施，大力推进力学科普工作。除了继续办好现有的力学科普夏令营、周培源力学竞赛等活动以外，还将举办力学科普工作大会，并推出力学科普丛书。2007年，中国力学学会常务理事会决定组成《大众力学丛书》编辑委员会，计划集中出版一批有关力学的科普著作，把它们集结为

《大众力学丛书》，希望在我国科普事业的大军中团结国内力学界人士做出更有效的贡献。

这套丛书的作者是一批颇有学术造诣的资深力学家和相关领域的专家学者。丛书的内容将涵盖力学学科中的所有二级学科：动力学与控制、固体力学、流体力学、工程力学以及交叉性边缘学科。所涉及的力学应用范围将包括：航空、航天、航运、海洋工程、水利工程、石油工程、机械工程、土木工程、化学工程、交通运输工程、生物医药工程、体育工程等等。大到宇宙、星系，小到细胞、粒子，远至古代文物，近至家长里短，深奥到卫星原理和星系演化，优雅到诗画欣赏，只要其中涉及力学，就会有相应的话题。本丛书将以图文并茂的版面形式，生动鲜明的叙述方式，深入浅出、引人入胜地把艰深的力学原理和内在规律介绍给最广大范围的普通读者。这套丛书的主要读者对象是大学生和中学生以及有中学以上文化程度的各个领域的人士。我们相信它们对广大教师和研究人员也会有参考价值。我们欢迎力学界和其他各界的教师、研究人员以及对科普有兴趣的作者踊跃撰稿或提出选题建议，也欢迎对国外优秀科普著作的翻译。

丛书编委会对高等教育出版社的大力支持表示深切的感谢。出版社领导从一开始就非常关注这套丛书的选题、组稿、编辑和出版，派出了精兵强将从事相关工作，从而保证了本丛书以优质的形式亮相于国内科普丛书之林。

中国力学学会《大众力学丛书》编辑委员会

2008年4月

序　言
Preface

收到武际可教授的著作，爱不释手，花了四个小时一口气读完后，对我的这位学长不禁产生了由衷的敬意。

武际可教授是我的力学同行，彼此认识已久，但由于研究方向不同，原本各忙各的，交往不多；新世纪里，他从北大退休后，由于我们对力学史和方法论以及力学科普有共同的兴趣，相互关系密切起来了，我对他的绝佳的人品学问的认识也逐步加深。有两件事给我留下深刻印象。一件事是在他的书房中的一次晤谈。实际上我那次造访主要为了参观他的书房。我发现，这间不大的书房的三分之一为他演习书法的文房四宝和字帖所占据，另外的三分之二则是堆得层层叠叠的书籍，令人意外的是没有一本力学、数学、物理学书籍，他说，那些书都放在学校的办公室里。眼前的全是文、史、哲类的典籍，四书五经、春秋史记、唐诗宋词，无所不有，我随便报了两个书名，他往书柜的第二层一摸，就取了出来，可见这些书不是“摆设”，而是不时研读的。由此使我对他的广闻博览肃然起敬。另一件事是就文学知识的一次求教。我在写《钱伟长的治学理念和学术思想》一文时，看到《杨振宁文集》里有“云山苍苍，江水泱泱，先生之风，山高水长”这段话，觉得用来形容钱先生很贴切，但苦于不知其出处，于是打长途电话向他求教，他很快就告诉我：它摘自范仲淹所写的《严先生祠堂记》，严先生就是汉代著名隐士严光(字子陵)。由此可见他的古典文学根底之扎实。

武际可教授不仅是一位资深的力学专家，而且是一位在力学科普园地辛勤耕耘的园丁。他建议在《力学与实践》上开辟的“身边力学的趣话”专栏在国内力学界享有盛誉，他的力学科普名篇《捞面条的学问》等脍炙人口，这在本书的作者的话里已有描述。力学科普工作不容易做，一来由于力学内容博大精深，要通俗化相当困难；二来由于力学无所不在，要描述它的方方面面的应用需要有渊博的知识。因为武教授多年来孜孜不倦地钻研各类学问，博闻强记，笔耕不辍，成了国内为数不多的力学科普专家。他认为：“科普是要把科学中最普遍的规律中的美阐发出来，以通俗的语言使尽可能多的读者领悟。科普不是猎奇。它的真谛不仅是介绍，更主要的是挖掘和阐发、是研究、是创新。因此只有作者对科学深深热爱了，并且体味和挖掘出科学规律中的美来，才能写出以科学美来感染人的文章。科普的对象不仅是青少年、门外汉，而且可以是中老年和专家。”正因为有这样的认识，他对力学科普工作才有这样持久的热情。

我们在平时讨论中谈到，与其他学科相比，力学学科的科普工作相对地落后，需要急起直追，所以，他和我共同发起组织出版这套力学科普丛书，而且他身体力行，抽时间将他近年来陆续写成的32篇文章结集出版，为我们这套丛书打响了第一炮。

细看这本书，有如下特点：

1. 内容丰富多彩。在作者的视野里，一些平凡琐事、常见物事，都演绎成了精彩的力学故事。例如，捞面条、倒啤酒、抽陀螺、荡秋千、掷飞盘、甩鞭子、吹皂泡、敲铜锣，都蕴涵着深奥的力学道理；马尾、豆腐、土豆、洗衣机、窑洞、钟表、血压计、被中香炉、高尔夫球、飞去来器、噗噗噔儿、笛子等，都成了他阐释力学原理的“道具”。难能可贵的是：他没有停留在一些浮光掠影的就事论事，而是加以广泛引申，涉及更有意义的力学应用范畴。例如：从捞面条说到铀同位素分离；从倒啤酒冒泡说到螺旋桨空泡；从洗衣机翻衣兜说到屋顶倒塌；如此等等。读了这些文章，你会领悟到力学真的无所不在。

2. 叙述深入浅出。作者娓娓道来的平凡故事，都被用于阐释深奥的力学原理。从捞面条谈到二次流，从马尾拴豆腐谈到材料强度理论，从血压计谈到伯努利定理，从《格利佛游记》的失误谈到结构力学，等等。由于用的是最通俗的讲法，读者一点也不会觉得力学原理的艰深，不知不觉中懂得了力学学生费老大劲儿才能弄明白的道理。

3. 文笔清新隽永。作者灵活自如地运用了他的丰富学识，尤其是文、史、哲方面的知识，引人入胜地描绘了一些场景和原理，唐诗宋词、历史掌故、民间传说，信手拈来，传神贴切，美不胜收，读起来真是一种高雅的艺术享受。

上面仅仅是我粗读本书后的一些感受，想必读者读了此书后会有更多的感受。因此，我向各界各个年龄层次的人士推荐此书。青少年朋友(特别是大学生朋友)读了此书，一定能了解力学的魅力、科学的魅力，更自觉地向科学进军；中年朋友读了此书，在长见识的同时，兴许还能舒解工作中的压力；对老年朋友来说，可以拿此书作为休闲时的读物，读到精妙之处可以发出会心的一笑，说不定你会受感染，投身于科普大军，积极发挥余热。

戴世强

于上海市应用数学和力学研究所

2007-11-8

目　录
Contents

1 Chapter

捞面条的学问

捞面条用笊篱，这是常识。

笊篱发明得相当早，大概有几千年历史。明朝许仲琳编的神话小说《封神演义》中说，商末周初的姜子牙发迹之前曾以编笊篱为生。小说毕竟不是可靠的史料，所以不足为凭。唐朝段成式在《酉阳杂俎》中记述了安禄山受赏赐的物品，其中有银笊篱一把。

旧时饭铺门口多挂一把笊篱作为幌子。清朝李光庭在《乡言解颐》中提到笊篱，说它的功能是“淅米、捞面、抄菜”，并附有一首诗表述以笊篱作为幌子的情景：

家无长物漏卮多，流水难盈结柳科。
晓起抄云堆白粲，夕来捞月漉金波。
莫当渔舍悬笭箵，不比欢场设叵罗。
茅店招牌供一笑，破篱低挂绿杨柯。
（注：笭箵，装鱼的竹笼；叵罗，古时的酒器）

笊篱从捞面的功能晋升为饭店的标志，说明它的普及和重要。

然而还有一种只用筷子不用笊篱的捞面方法，不知你可曾想到。它对于手头缺少一把笊篱的新婚夫妇，或是虽有笊篱但不常吃面条(笊篱一定积满灰尘,洗起来太麻烦)的主儿，兴许还是有点意义的。

用筷子挑面条，开始比较容易，问题是剩下最后几根面条如何捞起。方法是，先使锅离火，免去沸腾带来的麻烦。然后用筷子在锅里作圆形搅动，使面汤旋转起来，这时面条便自然会集中到锅底中心，再用筷子到锅底中心去挟。如此重复几次，面条便会一根不剩。不信请君一试便知。

熟悉流体力学的人，不难对面条向锅底中心集中给出解释。这就是所谓的二次流问题。如果将旋转起来的面汤视为一次流动，这时汤的微团作圆周运动。圆周运动时微团加速度指向圆心。按照流体力学，微团的加速度和压力梯度的符号相反，所以压力强度从锅底中心向锅边是增加的，即愈远离中心压力愈大。在锅的上层，这个压力梯度同惯性力是平衡的。另一方面再看锅底的一层流体，由于锅底与流体的摩擦以及流体的黏性，这层流体的速度很小，从而惯性力也很小，这时惯性力不能与压差平衡，就产生向中心运动的趋势。粗略地说，一定存在沿图 1 回路 *OABC* 的流体运动，这就是二次流。正是这个流动将面条带到锅底中心，又由于煮熟的面条重度较大，二次流的强度不足以携带面条上升到汤表面跟着二次流上下翻滚兜圈子，所以面条便准确地停在锅底中心，等待筷子去挟。

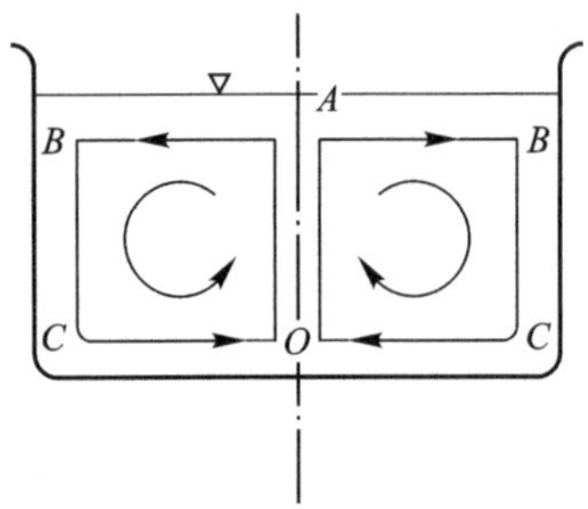

图 1　在盛有旋转起来面汤锅里的二次流

二次流现象在日常生活中和自然界里是常见的。一杯泡好的茶，用勺子作圆形搅动，茶叶会向杯底中心聚集。在河流的弯道上，外圈河床要深，因为泥沙会被二次流带到内圈。

现在，让我们将前面介绍的

两种方法稍加总结。煮熟的面条和面汤混在一起，捞面条的问题是如何根据面条和面汤的物理几何性质将它们分离的呢？这样问，难免有点学究气。但请别忙，这种将两种或多种混合物的每一种组分分离开来的技术问题，从古以来，一直是科学家和工程师所执著研究的重要课题之一，一般称之为分离技术。这个问题的解决和推进，会在物理学、化学和技术发明引起革命性的变化。但是它的主要理论根据还得从力学上加以阐明。

上述捞面条的两种办法正是解决这个问题的两种典型途径。姑且称之为笊篱法和扰动法吧！笊篱的发明是很巧妙的，面条留在笊篱内，面汤在重力作用下漏走了。而扰动法，无非使混合介质造成一种运动，它的不同组分运动轨迹不同，在特定的地方去捕捉特定的物料以达到分离的目的，这就是我们能用筷子挟起最后几根面条的根据。总结起来，人类迄今使用的基于力学原理的分离技术，不外上述两种捞面条的办法的延伸而已。当然也还是有其他的分离技术，如利用沸点、溶解度不同，但这些都不是基于力学的原理，它超出了我们讨论的范围。

磨面时，要将面粉和麦麸分离，那么箩子可谓笊篱的发展。各种各样的筛子也是笊篱的变形。各种粒径的粒状物混合在一起，为了选取不同粒径的物料，就要使用不同筛眼尺寸的筛子，分级过筛。聪明的渔业人员为了捞大鱼，使小鱼跑掉，以便在它们长大再捞，便采用适中网眼的渔网。推而广之，滤纸、自来水公司的过滤池、洗衣机的甩干机，无不是特殊的“笊篱”。在自然界，地表的土和岩石构成很好的滤层，雨水经过它的过滤变成清澈干净的矿泉水。在生物机体内，无论动物还是植物，都广泛存在着不同性能的薄膜，它使一些物质通过，而糖、蛋白质不能通过，否则就会得糖尿病或肾炎。正是由于这些神奇的薄膜，才使得生物的新陈代谢正常进行。现代物理化学研究中，为了一定大小分子而用的分子筛，说到底也是一把精细的“笊篱”。这些

“筛篱”形式各样，功能不同，但共同点是一定的网眼尺寸和使介质穿过网眼的驱动力。对筛篱，驱动力是重力，而对于其他形形色色的“筛篱”，驱动力可以是重力，也可以是施加的振动、电磁力、惯性力和渗透压力、扩散的分子力等。而一般驱动力愈强，穿透物质的效率也愈高。

沿着扰动法分离技术，也可以举出同样多的例子。至今农村在打麦时还在使用的扬场技术，就是一个最原始的例子。扬场手看准了风向，将一锨麦粒和麦壳的混合物扬上去，麦粒基本上沿抛物线下落，而麦壳却被风吹向另一边，从而使它们分离。有经验的扬场手甚至可以在无风的条件下操作来达到目的。熟练的簸箕手，使用一面簸箕，施行摇、簸、溜抖等动作，能使簸箕中的谷粒、秕糠、石块完全分离。元朝王祯在《农器图谱》中所画的扬扇(图2)和现在人们使用的惯性分离除尘器的原理大致是一样

图2 扬扇

的(图3、图4)。在工业中，有一种旋转分离机，它可以造成混合物高速旋转，达到分离不同粒径的粒料、分离不同液体和除尘的目的。在自然界你可曾注意到一定的河滩、海滩上的砂粒粒度总是均匀的？这是因为那里的流动特点适宜于沉积这种粒径的砂子。近代物理中，为了捕捉不同的带电粒子，将它们加速到一定速度，然后考察它们在强磁场中的偏转，这就是精密分析混合物

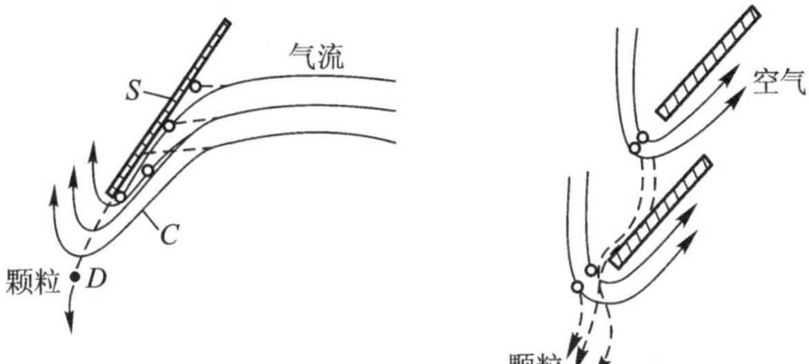

(a) 冲击板
S.挡板， C,D.颗粒

(b) 折流板

图3 惯性分离种类

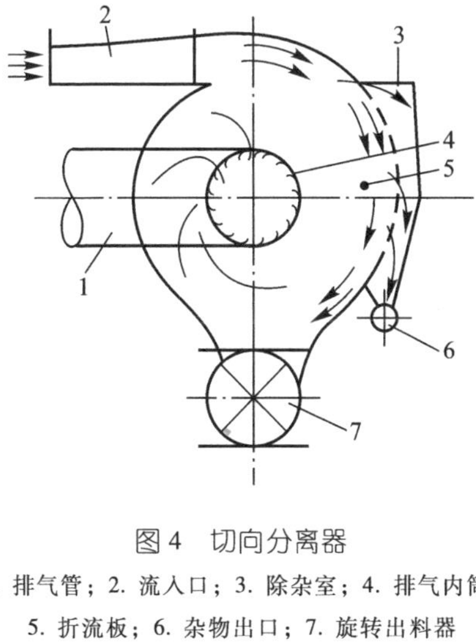

图4 切向分离器

1. 排气管；2. 流入口；3. 除杂室；4. 排气内筒；
5. 折流板；6. 杂物出口；7. 旋转出料器

的质谱仪原理(图 5)。总之，不同物理性质的物体，让它们运动起来，它们的不同性质就得到充分的表演，即运动轨道不同，也易于分别捕捉它们。

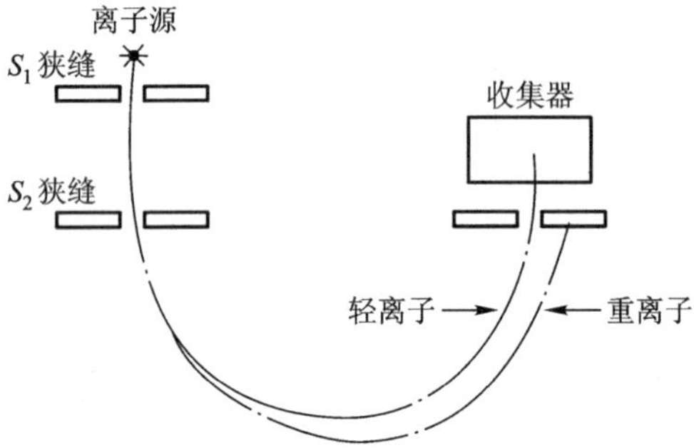

图 5　质谱仪原理

S_1—S_2 之间为加速段

第二次世界大战期间，美国有一个研制原子弹的曼哈顿计划。其中关键技术问题是铀 235 的提炼问题。制造原子弹的材料铀 235，总是和铀 238 混在一起，而后者不能产生连锁反应。铀的这两种同位素除原子量稍有差别以外，物理化学性质完全一样，何况天然铀中铀 235 含量只有 0.7%。曼哈顿计划首选的几种方案中有:

扩散法。利用六氟化铀的气体在高压下向一种特制的隔膜另一测扩散时，轻的分子扩散得稍快。经过多次多级反复扩散可得到适当纯度的铀 235。

离心法。使六氟化铀的气体在密闭容器中高速旋转，由于重度不同，内侧的铀 235 浓度较高。经过反复进行也可以得到适当纯度的铀 235。注意这里只有一次流就够了。

还有一种称为电磁法。原理是基于前面介绍过的质谱仪。铀 235 比起铀 238 轻，轨道半径也较小，所以在适当位置上安放收集器，可以得到相当纯的铀 235。

你看，这些方案和捞面条多么相似。不同的是铀 235 毕竟不是面条，不那么好“捞”。因而在每一个环节上都需要精密地研究。例如，扩散法用的那张薄膜，需要布满数十亿个孔径在0.01 μm以下的孔，而且保证没有一个孔径超过0.01 μm。这些孔不能被腐蚀扩大，也不能被尘埃阻塞。在强度上还要能承受一个大气压的压强。扩散膜的总面积以若干英亩计。不仅如此，生产上用的泵、阀门都不许有任何泄漏。顺便还值得一说的是，按照电磁法提炼铀235，需要大量的铜用来制作线圈。但当时美国没有这样多的铜，不得不从财政部借用了14 700 t银来补足。从1943年2月到1944年8月他们共造了940个线圈。为了保护好这些银子，不得不制定严格的规定，在每道工序与运输过程中，层层保护，精确记账和交接。这些都是高难度技术和复杂的组织工作，需要从头研究解决。经过数年努力，一个个难关都解决了，按照曼哈顿计划终于生产出了足够数量的铀235。

说到这里，我们会领悟到，曼哈顿计划不过是以大量人力、物力、财力精确地“捞取”铀235这锅“面条”，从而使核技术跨进一个新时代。当今，我们正在和将要更精细地“捞”更难“捞”的“面条”，以使人类科学技术进入更为发达的时代，仅仅从这个角度看，力学是多么重要！

参考文献

[1] L. 普朗特. 流体力学概论[M]. 郭永怀，译. 北京：科学出版社，1966.

[2] 安东尼，凯夫·布朗，等. 原子弹秘史[M]. 董斯美，等，译. 北京：原子能出版社，1986.

首刊于《力学与实践》，1994，16(4)：75-77.

倒啤酒的学问

——兼谈空泡问题

2 Chapter

从瓶子里往杯中倒啤酒(图 1)，急性子的人，把瓶子拿得很高，有点像倒大碗茶似的，让啤酒水柱冲向杯底，结果总是倒满一杯泡沫，且泡沫流淌得一桌子，待泡沫消失后，杯子里的啤酒却所剩无几。

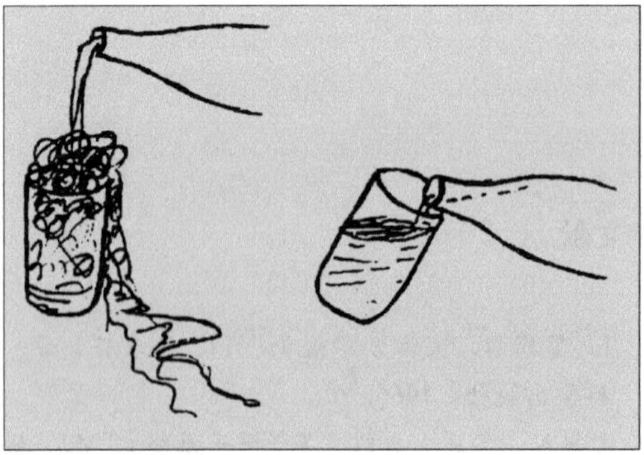

图 1　倒啤酒

熟练的服务员则将杯子尽可能倾斜，将瓶口紧靠杯沿，让啤酒缓慢地沿杯壁流向杯底，随着杯子里啤酒增多，再徐徐将杯子倾角调整到竖直的位置，这样可以倒满一杯啤酒而不产生多少泡沫。人们不无诙谐地把这种倒啤酒的窍门总结为三个含谐音的成语："歪门斜倒(邪道)，杯壁(卑鄙)下流，改斜(邪)归正。"

啤酒、香槟酒、可乐等清凉饮料，都是二氧化碳的过饱和溶液。在不密封的条件下，二氧化碳也会慢慢分离而散逸到空气中去。这类新鲜的清凉饮料，含二氧化碳愈多品质就愈高。这也正是往杯中倒啤酒带来麻烦的原因。

我们把前面说的两种倒啤酒的方法称为直冲式与斜溜式。为什么斜溜式产生的泡沫少，而直冲式的倒法产生的泡沫多呢？要回答这个问题得从气体的溶解度开始研究。

二氧化碳溶解到水中的量，通常用单位体积能溶解多少体积的二氧化碳来度量，称为溶解度，是同温度和压强有关的量。温度低时溶解度大，高时溶解度小。在高压下溶解度大，低压时溶解度小。如果在高压强条件下突然减小压强，就会分离出二氧化碳而冒泡。在密闭的容器里，冒出的气泡使容器的压强升高后，随之溶解度也增高了，气泡就不再冒了。我们在开香槟酒瓶时，听到"啪"地一声；报上也曾刊载开啤酒瓶时，瓶盖飞出伤人的消息，这都是容器里压力较高的缘故。

历史上有过一则有趣的事。19 世纪中，在伦敦的泰晤士河河床下打了一条隧道。当隧道竣工时，当地政界人物在隧道里举行庆典，令人扫兴的是发现带到隧道来的香槟酒都跑了气而无味。然而当庆典过后人们走出隧道回到地面时，不幸的事发生了，酒在肚子里发涨了，气从鼻子嘴里不断冒出来，有的人穿的马甲被涨开，有的人则不得不重新返回隧道以减轻这突如其来的痛苦。

所以产生这种现象，是因为隧道比地面低数百米，那里气压较高，二氧化碳的溶解度也较高，所以香槟酒就像跑了气似的无味。等回到地面，气压低了，二氧化碳分离出来，把绅士们的肚子撑了起来。通常在海平面，每升高 100 m，气压即降低 2 190 Pa，气压的这种微小变化，对于过饱和的二氧化碳溶液而言，其气体分离与否则表现得很明显。

现在再来讨论往杯子里倒啤酒的问题。静止在杯子中的啤酒，压强各处基本上是均匀的，上层压强略小于杯底，所以也是表面冒泡稍多。但是如果杯子里的啤酒产生了不均匀的流动则各点上的压强是不同的，这从流体力学伯努利定律可知，沿一根流线，速度大的局部压强小，因此这些速度大的地方便会产生大量的二氧化碳气泡。为了说明这一事实，取一杯静止的新鲜啤酒，我们看到它基本上不冒气泡。如果用一根筷子一搅，就会发现在筷子运动的尾部会冒出大量气泡，正是那里压强较低的缘故。如果把筷子在杯子里作圆形搅动，使杯中啤酒旋转起来，拿出筷子，啤酒在杯中形成漩涡，由理论分析知道，漩涡中心压强小，所以那里产生一串气泡，就像在陆地上看到的龙卷风一样，非常有趣。关于漩涡中心压强小的事实，在江河里游泳的人会有深切的体会，游泳到漩涡边上会被漩涡中心吸进去，是非常危险的。

这就是说，如果你想让啤酒不冒泡地倒满杯子，你就应当在倒的过程中，尽量减小啤酒杯中液体的相对速度，尽可能使注满杯子的过程变为准静态。前面说的直冲式之所以不适用，就是因为这种方式使啤酒柱有较大的动量，从而杯中的啤酒速度差加大，即易形成大量的小漩涡。而斜溜式，一方面降低了啤酒从瓶口到接触杯子这段落差，使啤酒入杯时的动能减小；另一方面杯子倾斜可以将啤酒柱对杯子的正冲击变为斜冲击，从而减小啤酒接触杯子时的动量改变；再者斜溜过程，增加啤酒溜到杯底的路程，在这溜的过程中杯壁近处的边界黏性层造成对啤酒的阻力也可以减小啤酒到达杯底的速度，所以它基本上满足尽可能准静态的要求，使整个过程中泡沫较少。

啤酒中含二氧化碳较多，为什么喝起来就会觉得舒服，其中一个重要原因是二氧化碳溶解度与温度的依赖关系。当你倒满一杯冰过的啤酒后，试用一根筷子插入杯中，你就会发现筷子周围爬满了小气泡。这是因为筷子初始温度比啤酒的高，筷子周围啤酒中的二氧化碳在温度高时溶解度小，便分离出来爬在筷子上。同样，啤酒喝进体内，体内温度比啤酒高，在从口、食道与胃壁的黏膜上也会很快附着大量的气泡。我们还知道气泡的热传导效率是比较低的，这就是当你喝了比体温低很多的清凉饮料时，你并不感到有过分冰凉的原因。我们又知道，黏膜骤然温度下降，会使它附近的血管收缩，神经活力降低，同时消化能力和胃口也相应变得迟钝。而啤酒中气泡的作用也正是使人既觉得凉爽又不致倒胃口而保持旺盛的消化能力。由于这个原因，你也许注意到，在炎热夏季，当你吃完一杯冰激凌再开始吃饭，会觉得胃口不佳，而喝完凉啤酒再吃饭，还会吃得津津有味，这就是后者产生气泡的缘故。

所以，为了啤酒好喝，必须注意从酿造、储运、从瓶中往杯中倒等一系列环节中，不使二氧化碳跑掉，以使它进入口中以后能产生较多的小气泡。在储运过程中，要避免日光暴晒，要适当降温；不要过分地摇晃，以免二氧化碳过多析出，否则即使在密闭容器中，也会使分离出的二氧化碳气体由于压力过高，导致爆炸事故。还要注意在倒啤酒时，利用斜溜式，而不要在“入口”前这最后一道程序上跑掉过多的二氧化碳。

还应当提及的是啤酒中气泡形成不仅与压强和温度有关，还和一定的气化核心有关。气泡总是先在微小的固体近处或瓶子内表有毛刺处形成。试往啤酒杯里放一小撮砂子，随着砂子下沉，啤酒就会像开了锅一样冒出大量气泡。而且，微小气泡一旦形成，气泡自己又可以作为气化核心而加速气泡的形成。所以，啤酒冒泡在实际上是如同雪崩一样的非线性过程。即，气泡愈多便愈容易增加气泡。所以一旦大量气泡冒出来，便会以迅雷不及掩耳的方式溢出杯子，即使停止倒啤酒也还会再冒一阵，直至二氧化碳跑得差不多了才会停下来。

在生活中把这种多了就更多、少了就更少的非线性现象称为马太效应。它来自《圣经》上《马太福音》中的一句话："凡有的，还要加给他，叫他有余；没有的，连他所有的也要夺过来。"这种效应在力学与物理学中，随处都可以遇到。河道弯了，由于流动冲刷就更弯；地不平了，在径流冲刷下就更不平；大气电离了，局部就更易于电离直至放电；裂纹产生了，局部由于应力集中就更容易被撕裂。一定程度上，穷富差别的加大、股市行情暴涨暴跌、经济危机等都是马太效应。我们这里说的啤酒冒泡也是。要想精确地描述啤酒冒泡的非线性过程，还不是一件十分容易的事，因为泡沫是一种分形结构，不同尺寸的泡沫行为也不同。

讨论完啤酒，我们来看一看水，它和啤酒同是液体。啤酒里溶解的是二氧化碳；水呢，水中通常溶有少量空气，进一步说，水的分子群可以转化为气体——水蒸气。在这一点上说，它同啤酒没有什么不同。不同的是，水在较低的压强下才会变为气体，产生气泡，这种气泡称为空泡，也称为空穴。空泡有时小到直径只有 10^{-5}cm，可别小看这种不起眼的空泡，它曾经而且还是航海事业的可怕的障碍。

1894 年，英国制造的 240 t 的小型驱逐舰"勇敢号"初试航时，螺旋桨转速只能达到 384 转，比额定设计转速低 1.54%。几经调试，直到 1897 年，总工程师 Barnaby 才在造船工程师会上发表论文说明最初成绩不良是由于螺旋桨发生了空泡现象。1915 年，英制的新鱼雷艇"德林号"驶入大西洋试验。它的设计速度比前一型号大 1 倍。但是当舰艇机器以最大转速工作时，艇尾抖动，尾部海水泡沫翻腾，犹如倒啤酒时一样，速度没有超过前一型号。当鱼雷艇回到基地时，螺旋桨已经破烂不堪了。这又是空泡在捣乱。直到 1971 年，有人对上千艘船做了调查发现，其中有 30%的螺旋桨在使用一年后，都由于空泡而造成不同程度的损伤。

为了研究空泡产生的机理及其作用，人们从 19 世纪就开始了理论与实验研究。1895 年，英国建造了专门研究空泡问题的小型水洞。随后在 20 世纪 20—30 年代，英、德、法、苏、美等国相继建造了较大型的空泡水洞。同时理论研究也取得了相应的进展。

高速水流为什么会冒气泡？原来水在标准大气压下(一个大气压相当于 101 325 Pa)，温度达到 100 ℃，水就会沸腾。“沸腾”就是水内部能冒气泡的现象。不同温度下，水沸腾的压强是不同的，这个压强称为饱和蒸汽压，也称蒸汽压。水在不同温度之下的饱和蒸汽压为：

0 ℃	20 ℃	40 ℃	60 ℃	80 ℃	100 ℃	120 ℃
600. 66 Pa	2 338. 1 Pa	7 381. 2 Pa	19 934 Pa	47 377 Pa	101 325 Pa	198 490 Pa

由此可见，在压强为 2 338. 1 Pa 时，水在 20 ℃就开了。这种在常温下沸腾的现象，可以称为“冷沸腾”。在海拔 4 000 m 以上的高原地面，由于那里的气压低，沸点只有 86 ℃，所以在那里煮东西不容易熟。在压强达到 198 490 Pa 时，即约不到两个大气压时，水到 120 ℃才开，这个压强差不多是通常高压锅内的压强。

前面说过，流体高速运动，会造成局部压力减小，特别是高速舰船、螺旋桨、鱼雷等在水中运动时，会造成局部水的压差很大，达到常温下的蒸汽压。这就是高速航行中水产生气泡的原因。

一旦产生了空泡现象，阻力就会加大。产生气泡会消耗大量的能量，所以船速再也上不去了。如果对空泡问题不采取特殊的对策，那么大部分船的速度将超不过 26 节(约 14 m/s)。

然而，空泡对航海带来的危险还不只如此。问题是空泡在低压区形成后，随着流动流到高压区，在那里压力增高，空气泡无法存在而闭合。空气泡闭合会造成类似于爆炸的高压甚至会达到

100 000 个大气压。每一个空泡破裂，都可以看做是一枚微小的炸弹。在这种大气压下，任何金属材料都会被破坏，于是螺旋桨很快便被空泡咬得百孔千疮。类似的问题在大型水电站与大型水坝是也产生过，泄流洞的水速高了，水泡可以浸蚀洞壁，水电站涡轮机叶片可以在几天之内被水泡吃掉数十毫米厚。

水滴石穿，不间断的水滴可以将坚硬的石头打穿。起先，人们认为是水流长时间冲刷造成的，后来才明白，原来也是由于空泡在起作用。随着高速摄影技术的发展，有人以每秒 1 500 张的摄影机对准液滴“着陆”的地方。由拍摄发现液滴由圆而扁然后四散溅开，就在这一瞬间在液滴中心附近的一些局部流速相当大，足以达到产生空泡的低压。于是空泡逐渐将坚硬的石头咬去。在滔滔流动的江河中，流水拍击岩岸，“乱石穿空”，“惊涛裂岸”，水的这种作用，恐怕也是空泡在作怪。

“开壶不响，响壶不开”。这是人们在烧开水时所熟悉的现象。原来在壶水没有开时，由于壶底温度高于水的沸点，那一层水很快气化上升，但是气泡一旦离开壶底，便由于水温低而闭合，这闭合产生的“小爆炸”敲击壶底发出嗞嗞的响声。而当壶水开了之后，上升的气泡不会再行闭合，于是就“开壶不响”了。不过，在你用“热得快”电器插入热水瓶烧开水时，就不会听到这种令人不快的嗞嗞声。因为“热得快”是插在壶的中央，“小爆炸”所产生的声往外传时，距离较远，声音衰减掉了。

细心的读者可能已经注意到：将一杯刚煮开的水泼到地面，听到的是噗地一声响；而冷水泼到地面，则听到清脆的啪地一响。这响声的不同也是由于气泡。如果你将一杯新鲜的啤酒泼向地面，响声同泼开水一样。刚开的水近于 100 ℃，往地上一泼，水与地面冲击，流体的局部速度较大，因而压强减小。这个小的压强会使流体重新沸腾起来。在地面与水之间，隔着一层气泡，当然与没有气泡听起来响声就不同了，而冷水向地面冲击时局部压强降低则不足以使流体沸腾。

拿一把铝壶，烧一壶开水，当水滚开时，你一只手将壶提下炉子并轻轻将壶底放在另一只手上。这时你竟然会发现，这只手可以托起整个茶壶而不感到烫手。这又是水泡在起作用。原来，刚烧开水的壶底壁上爬着一层细微的水泡，特别当壶底有水垢后，水泡和水垢构成的隔热层隔热性能很好。当你用手托壶底时，壶底铝的热容量较小，很快与手温平衡，而壶中水的热量却由于一层气泡的隔热，使手不感到发烫。不信请试一试。

20 世纪初，人们逐渐认识了超声现象。1917 年，法国科学家郎之万发明了压电晶体超声波发生器，之后超声波进入了应用研究阶段。值得注意的是，超声波水中传播引起水的局部高频振荡。这种振荡产生的负压足以产生空泡，从而使超声波在清洗零件、乳化、加速化学反应与粉碎方面得到广泛的应用。也正好是在 1917 年，英国学者瑞利，首先计算了不可压流体中球形空泡闭合时，可以在中心造成无穷大的压强。当液体是可压时，这个压力虽不是无穷大，但仍非常大。

对空泡的认识至此却没有终止。早在 60 年前，人们就发现当把超声波通到水中，顷刻之间可以发出光来。这个现象一直没有得到合理的解释。直到 1959 年人们才首次论证，光是由空泡破灭时产生巨大能量集中所发出来的。

据近年来英国《新科学家》杂志报道，人们逐渐用更精细的模型来计算这一现象。先后有 3 个美国人得到了不同的结果。1986 年一个美国人算出气泡破灭可产生 5 000 K 的高温。1993 年又有人改进计算，说是可以达到 7 000 K 的高温，这已经是太阳表面的温度了。到 1994 年 11 月美国一次全国声学会议上，有人宣布用精细模型并用计算机算得，气泡破灭时的温度可以达到 2 000 000 K。不断提升的这些温度是不是能够逐渐接近核聚变热核反应所需的温度呢？如果这些计算理论是对的，我们又能够依靠近代技术去实现它的话，那么说不定空泡还是一条通向可控热核反应的可行路径呢！这是一个多么诱人的前景啊！退一步讲，即使达不到所计算的高温，人们不是也可以利用这一超常的高温去开辟许多新的应用领域吗？

啤酒冒气泡可以带来美味，也可以带来麻烦。同样，空泡可以是危险分子，也可以为人类工作。天下大事，有一利必有一弊。而怎样除弊兴利，全靠对它的机理有充分的了解。倒啤酒尚且如此，对待空泡更是如此。

参考文献

[1] 库佐夫 K. 流体世界[M]. 沈青，王如涌，编译. 上海：上海科学技术出版社，1980.

[2] 柯乃普 R T，等. 空化与空蚀[M]. 水利电力科学研究院，译. 北京：水利出版社，1981.

[3] Hammit F G. Cavitation and Multiphase Flow Phenomena [M]. New York：McGraw-Hill，1980.

本文首刊于《力学与实践》，1996，18(1)：66-69.

3 Chapter

从土豆的内伤谈起

——漫谈接触问题

家庭主妇们经常抱怨：好端端的土豆，一剥皮就露出里边褐黑色的一块块坏斑，待到把这些坏区全削去，一颗土豆便所剩甚小。唉！真可惜。奇怪的是，买土豆时任你怎么挑选，也总是避免不了有坏斑。

这种倒霉的“内伤”在苹果、梨等水果中也时有遇到。心细的学过力学的人，不难回答这个问题。原来毛病出在包装运输中。在装车运输土豆时人们总想装得多以提高效率，殊不知装车时的碰撞却给土豆造成许多内伤。装得厚了，压在底层的土豆可就倒了大霉，给压坏了。苹果、梨等水果运输时多用箱子或篓子，每只箱篓的高度较小，所以压坏的要少些，但要是车辆驶过不平的路面，由于颠簸而振动加大了压力，处在箱底的水果还是难免遭殃。

主妇们又要问了，压坏的土豆，裂的、破的，一眼就能看出来；可又怎样解释一大批表面上是好的却内部受伤的土豆的现象呢？

土豆和水果的“内伤”问题正好是一个典型的接触问题。

假定相互接触的土豆为两个半径为 R 的弹性球，两个球之间作用压力为 F。这时接触处由于球的变形已不再是一点，而是一个半径为 a 的圆，根据接触问题的理论分析可以算出

$$a=\alpha\sqrt[3]{FR}$$

在球体内最大剪应力

$$\tau_{\max}=\beta\sqrt[3]{\frac{F}{R^2}}$$

而最大剪应力不在接触面上却在距接触面为

$$z=\gamma a \quad (\gamma\approx 0.47)$$

处。这里 α，β，γ 都是常数。

土豆和水果等许多材料都可以近似看为在最大剪应力超过一定限度时就产生破坏的材料。

上述公式表明，最大剪应力不发生在表面而在深层。而且半径和压力愈大，深度也愈大。实际接触物体形状虽然各式各样，但上述基本规律则是共同的。这就是为什么土豆外表完好而内伤累累的原因。土豆装运只要超过一定高度，总有一大层土豆难逃这种厄运。每年因此而扔掉的土豆和水果以千吨计。所以改善包装和运输条件才是拯救这批土豆的根本办法。可见，学一点接触问题是很有必要的。

在日常生活中我们经常遇到与接触问题有关的现象。

《三国演义》中有一回书说到张翼德用柳条鞭笞督邮(图1)。可以想象那贪赃枉法的督邮被打得皮开肉绽的情景。在《水浒》中，我们又看到梁山好汉落在敌人之手，不免挨多少杀威棒。三国时候的张飞毕竟是直性子，打人只用柳条，柳条的直径，一般是小的，所以引起督邮的伤也便苦不甚深，只不过皮肉之苦而已。宋朝的衙役们可比张飞狡猾多了，棍棒直径自比柳条大了许多倍；受棒者伤在深层，甚至伤筋断骨，而皮肤表面却完好无损。到了法西斯的监狱里，发明了一种用橡胶包着钢丝的刑具，外观柔软，半径又比较大。抽在人身上既不伤筋动骨外表又看不

出异常，但却遭受到痛彻骨髓的内伤。这恐怕是反动统治者挖空心思利用科学成果的“巧思”吧？

图1 张翼德怒鞭督邮

擀面，为了把面擀开，面的深部破坏了或者发生了永久变形，面才能擀开。面块大就要用粗的擀杖，而擀饺子皮就必须用细擀杖了。这个道理如用在压路机上(你大概注意到压路机的滚子直径有一米多吧)，就是希望它把路面的深层压得结实。当然，除了半径大以外，压路机还要重。因为压力 F 大了被压路面深部的应力也愈大。

在工程技术中，接触问题的应用十分普遍。主要是如下三大类问题：第一类是接触应力造成表面或深层的破裂会引起机器或工程破坏的事故，如轴承、齿轮、滚珠等表面剥落。这时应用接触问题的理论，目的是为了要减少这种破裂以避免事故。第二类是利用接触应力进行加工，如轧钢机的轧辊，压力加工的冲头与模具的设计，都要利用接触问题理论使被加工物件易于变形而加工工具却十分耐用。第三类问题是碰撞问题，车、船、飞机的碰撞可以视为一类特殊的接触问题。例如，高速飞机和空中的飞鸟相撞，会引起严重的结构破坏而造成空难。

正由于接触问题广泛存在于工程技术中，所以它一直受到工程师与力学家的注意与深入研究。

历史上最早研究接触问题的是德国人赫兹(Hertz,1857—1894)，他的研究在1881年取得重要进展。他假定两个弹性体在接触点邻近为两个二次曲面，在外部正压力下接触面为椭圆。椭圆的形状、接触面的压力分布，以及物体内应力分布都可以表为解析表达式。这个问题称为弹性力学的赫兹问题。我们前面说的两个球接触问题就是它的特殊情形。

其实，近代提出的接触问题更加复杂得多。诸如各种不同形状的物体和结构相接触，需考虑物体的弹塑性、蠕变及各种物理因素的变化，考虑接触面间的摩擦力和滑动，考虑物体的惯性的碰撞接触问题等等不一而足。

接触问题经过一百多年的研究，已经能近似解决许多实际问题了。但它仍然存在许多十分困难的问题尚待解决。对于比较复杂的问题，人们往往利用大型计算机去求数值解。即使如此，由于计算量很大，仍然无法很好地解决。举例说，一个均匀的弹性球，从某一高度在重力作用下落到均匀弹性半空间上，它的弹跳高度如何？这个问题看来是非常简单的，但请试解一解，你会发现，它仍然是力学界的难题；更不要说十分复杂结构的碰撞接触问题了。

接触问题之所以困难，是由于它实质上是一类非线性问题。我们知道，经典弹性力学大部分是线性的。线性弹性问题的提法是在给定边界上、应力或位移为已知的条件下求解一组弹性力学线性方程。而在接触问题中，接触边界的应力位移是待求的，甚至接触边界的形状也是待求的。而边界上的位移和应力以及边界本身又依赖于问题在物体内部的应力与位移。这种困难问题，随着工程技术的发展不断提出新的挑战，迫使人们去进行更深入的研究。它构成了弹性力学、结构力学和计算固体力学各个分支学科交叉研究的热点。它同时还吸引了不少数学家的注意。

参考文献

[1] 加林 Л A. 弹性理论的接触问题[M]. 王君健，译. 北京：科学出版社，1958.

[2] Gladwell G M L. 经典弹性理论中的接触问题[M]. 范天佑，译. 北京：北京理工大学出版社，1991.

本文首刊于《力学与实践》，1992，14(5)：71-72.

Chapter 4

马尾为什么提不起豆腐来

——谈谈材料的强度问题

有一条歇后语：马尾拴豆腐——提不起来。

我们知道，豆腐的强度是很低的，做好的豆腐，都要用一块板托着，以防它散架。卖豆腐时，切一块，要用手轻轻托起再放在袋中或盒里。用马尾拴住豆腐，为什么提不起来呢？马尾很细，豆腐的强度又很低，豆腐的自重在马尾上形成的压力就足以把豆腐压垮，所以提马尾的时候，马尾就把豆腐“割”断了。

从物理和力学的角度看，一种比较通常的解释是，马尾接触豆腐的局部，单位面积上的压力过大，所以豆腐被压坏了。豆腐所能够承受的单位面积的压力大约是0.4 N/cm^2(N为力的单位符号,质量为1 kg的物体所受的重力约为10 N)，即压强大约是3.92 kPa。这个压强大约相当于高度为40 cm的豆腐，在底层所受的压强。也就是说，如果你做的豆腐，厚度超过了大约40 cm，那么由自重就能够把豆腐压垮。

现在我们假设你要用马尾拴的豆腐是一个每边10 cm的立方体。我们知道豆腐的重度大约比水的重度略大，我们不妨假设它的重度就是水的重度，那么这块豆腐的重量是1 kg。我们还知道马尾的直径大约是 0.25 mm = 0.025 cm。于是这根马尾与这一块豆腐在豆腐的底部接触面积为 $0.25\times100\ mm^2 = 0.25\ cm^2$。于是要提起这块豆腐，在它与马尾接触处的压强是 $1\ kg/0.25\ cm^2 = 392$ kPa。它是豆腐破坏强度的 100 倍！所以马尾是当然提不起豆腐的。

不过，话也不能说绝对了。上面说的每边 10 cm 的豆腐，用马尾自然是提不起来。如果把豆腐块缩小，这时豆腐块的自重和边长的三次方成比例缩小，而豆腐块底部与马尾的接触面积与边长本身成比例缩小，自重缩小得快，所以当豆腐块小到一定的尺寸，马尾就能够把豆腐提起来了。计算表明，当豆腐块每边只有 1 cm 长时，马尾是可以把它提起来的。超过 1 cm 见方的豆腐块马尾就提不起来了。$1\ cm^3$，这哪里能叫做豆腐块，只能称作豆腐“豆”。一般人瞧不上这种“豆腐豆”，所以人们就一般地说马尾提不起豆腐。

用在一个方向上所能承受的单位面积上的力来表征材料强度是从意大利学者伽利略(1564—1642)开始的。到现在在工程中仍然使用，因为这种办法很简单，人们称为第一强度理论。例如从材料手册中我们可以查到，普通的碳素钢的强度是 370~460 MPa。这个强度大约是豆腐强度的 10 万倍。混凝土的强度受拉伸和受压缩不同，拉伸是 1.6 MPa，压缩是 14 kPa。其实豆腐的强度受拉伸和受压缩也是很不相同的，上面所说的豆腐的强度是对受压而言的，对受拉情形强度还会减小若干倍。

不过事情还不是就像上面说的那么简单。还是以豆腐的强度为例。我们常吃的豆腐，有北豆腐和南豆腐两种。前面所说的豆腐的强度，是对北豆腐而言的，而南豆腐由于更嫩，强度更低，一般即使是用木板托着也不能保持形状。所以卖南豆腐一般把它装在盒里，或者像早先把它泡在水桶里。现在我们就来考虑南豆腐的强度，考虑被泡在 50 cm 深的水桶底部的那块豆腐。它所受的水的压强为 $0.5\ N/cm^2$，这已经超出了北豆腐所能承受的压强了，可是它为什么竟然不坏？这说明上面所说的强度只适用于一个方向上受力的情形。

材料泡在水中，所受的是三个方向的压强，上面的讨论也就不适用了。其实在做豆腐时，总是要把形成的豆腐脑包在布包中，收紧布包，给豆腐以三个方向的压强，这个压强相当大，压得时间短一点，水分失去得少，就是南豆腐，压得时间长一点，水分就失去得多，就是北豆腐；如果压得时间更长，压强也特别大，使水分失去得更多，就会得到豆腐干。这说明三面均匀受压不但不会把豆腐压垮，反而会使豆腐更密实、强度更高。

为了解决几个方向同时受力条件下的强度判据问题，最早是由法国学者库仑(1736—1806)提出，由最大和最小的两个方向压强的差来判断是否破坏。这个强度的判别办法也称为第三强度理论。用这个强度理论去计算上面我们说的，泡在桶底的南豆腐，我们知道它的侧面所受的压强是那里的水的压强，而在下面所受的压强是水压强，外加豆腐重度超过水的部分所形成的压强。侧面与底面压强之差仅是豆腐重度超过水的部分所形成的压强。由于豆腐的重度比水只大不到水的重度的十分之一，这个数是相当小的，所以在水中的豆腐块即使很大也不会被自重压垮。这也就是聪明的卖南豆腐的人想出把豆腐放在水中的道理。

关于材料在什么条件下破坏的问题，是一个十分重要但是又十分复杂的问题。除了上面说的两种判据以外，还有一些其他判据。在不同的条件下，对不同的材料，需要使用不同的判据。它至今仍然是科学家研究的重要课题。

本文首刊于《力学与实践》，2003，25(1)：74-74.

5 Chapter 洗衣机为什么老翻衣服兜?

常用洗衣机洗衣服都有一种体验，即洗衣机把衣服洗完后，衣服的兜常常被翻过来。兜里如果原来有硬币或别的东西，也会被掏出来。这是怎么回事?

要解释这种现象，得从流体力学的一个基本原理说起。这就是伯努利定律。这个定律说，在一条流线上，流体质点的速度与在这点的压强成反比。也就是速度愈大压强愈小。更具体地说是沿着一根流线，我们设流体质点的速度为 v，密度为 ρ，这点的压强为 p，它们之间有关系

$$\frac{1}{2}\rho v^2+p=\text{常数}$$

现在我们来看被洗的衣服在洗衣机里的情形。当洗衣机转动时，衣服兜的口附近流体有一个相当的速度，而衣服兜的底部流体的速度就要小。这是因为裤兜的底部是在裤筒里，上衣的衣兜底部也是裹在衣服的里头，所以那里的流体相对于衣服的速度要小得多。根据伯努利定律，衣兜底部的压强就比衣兜口附近的大，这种压差就会驱使水从衣兜底部流向衣兜口。洗衣机反复转动，这种压差就一次次使流体从兜底流向兜口，这种流动就足以

把衣兜翻过来。

因为伯努利定律是一个非常基本的原理，它可以解释许多现象，并且有很多技术应用。

在刮大风时，不结实的房屋，总是房顶被掀起，形成灾害(图1)。这是因为刮大风时，房顶的风速很大，而房内的速度为零。所以房内的压强大，而房顶的压强小，由于风很大，这种压差也就很大，大到足以掀翻屋顶。所以杜甫在《茅屋为秋风所破歌》中说："八月秋高风怒号，卷我屋上三重茅。"形容得非常贴切。为了设计能够抵御风灾的房屋，特别在我国东南沿海地区，那里经常有台风光顾，就要着重考虑作用在结构物上的风载荷。这时，伯努利定律是一个在计算风压和风速关系时经常用到的公式。

图1　被大风掀掉的屋顶

我们知道，流体流过一根管道时，在流速不太大的条件下，亦即在流体的可压缩性表现得不太明显的条件下，管道细的地方，流速就快，粗的地方流速就慢。也就是说，在细的地方压强就小，粗的地方压强就大。如图2所示的管道，在A处的截面上流体的速度大，在B处速度小。现在我们沿着管道的对称线OP

来看它的上半部分，就是说，突出的 A 点速度大，凹陷的 B 点速度小。利用这个结论我们来看在刮风时的旗子。

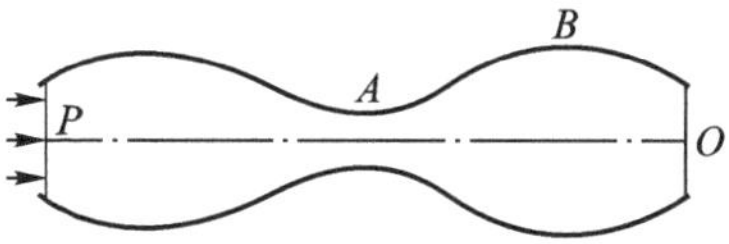

图 2　管道流动图

如果在风中的旗子是理想平面，则在刮风时，旗子两边的风速一样大，压强也一样大，两边的压强保持平衡，所以旗子就不会抖动。不过，在实际情形，旗子总会有一点弯曲，比如说像图 2 中的 AB 曲线。这时，A 点下面是凸面，压强小，而 A 点的上面却是凹面，压强大。这种压差会使 A 点继续向下运动。而对 B 点，情形恰好反过来，压差会使 B 点向上运动。于是，由于压差的作用，会使无论多小的弯曲增大。也就是说，绝对平的旗子在风中是不稳定的。任何微小的对理想平面的偏离，都会在风的作用下继续偏离，而不会恢复平面。这就是为什么旗子在风的作用下总是不断抖动的道理。

进一步拿图 2 中的 B 点附近来说。那一段弧的上面压强小，下面压强大。所以这段弧所受的合力就是向上的。这也就是飞机的机翼所以能够使飞机飞起来的道理。机翼的升力在流体力学中是一个专门的和相当复杂的问题，我们这里用伯努利定律可以粗略地作一个机翼产生升力的解释，要精确地根据不同机翼形状和飞行速度计算升力，需要有更多的流体力学知识。

我们利用伯努利定律解释了洗衣机翻衣兜、刮风掀屋顶、旗子的不稳定飘动和粗略解释飞机机翼的升力。其实，还可以解释更多的现象，如喷雾器的工作原理、并行航行的船为什么总要相互靠近、用吹风机向上吹乒乓球为什么乒乓球总不会掉下来也不会跑到气流外面去等。

伯努利定律最早是由瑞士的物理学家、数学家、力学家和医学家丹尼尔·伯努利(Daniel Bernoulli,1700—1782)提出的。他在1734年完稿，1738年出版的专著《流体动力学》(*Hydrodynamica*)中总结出流体压强与速度的关系(图3是该书的封面)。后人称为伯努利定律。

DANIELIS BERNOULLI Joh. Fil.
Med. Prof. Basil.
ACAD. SCIENT. IMPER. PETROPOLITANÆ, PRIUS MATHESEOS SUBLIMIORIS PROF. ORD. NUNC MEMBRI ET PROF. HONOR.
HYDRODYNAMICA,
SIVE
DE VIRIBUS ET MOTIBUS FLUIDORUM COMMENTARII.
OPUS ACADEMICUM
AB AUCTORE, DUM PETROPOLI AGERET, CONGESTUM.

ARGENTORATI,
Sumptibus JOHANNIS REINHOLDI DULSECKERI,
Anno M D CC XXXVIII.
Typis Joh. Henr. Deckeri, Typographi Basiliensis.

图3　1738年出版的流体动力学

丹尼尔·伯努利1700年2月8日生于荷兰格罗宁根。以出数学家著称于世的伯努利家族中他是杰出的一位。他的伯父雅科布·伯努利是牛顿和莱布尼茨同时代人，是一位名声显赫的数学家。他是数学家约翰·伯努利的次子。和父辈一样，他违背家长要他经商的愿望，坚持学医，他曾在海得尔贝格、斯脱思堡和巴塞尔等大学学习哲学、伦理学、医学。1721年取得医学硕士学位。丹尼尔·伯努利在25岁时(1725年)就应聘为圣彼得堡科学院的数学院士。8年后回到瑞士的巴塞尔，先任解剖学教授，后任动力学教授，1750年成为物理学教授。他除了在流体力学方面的重要工作以外，在微分方程、概率论、电学、气体的分子论等方向上都有重要的建树，此外他涉猎很广，在植物学、解剖学、生理学等方面都进行过研究。

值得一说的是，丹尼尔·伯努利研究流体的管道流动最初是从研究血液的流速和血压的关系开始的。1628年英国学者哈维发表了关于血液循环的巨著《心血运动论》(*On the Movement of*

Heart and Blood in Animals)发现了血液循环。由于丹尼尔·伯努利在学校里学了医，故他深深被哈维的发现所吸引。他认为血液在血管中流动，就有流动速度，心脏既然是一个血泵，就一定有压力。于是血管内的血液流速和压强也应当存在一定的关系。于是他设计了一种测量血压的方法，如图 4 所示，把一根很细的玻璃管 *CR* 插入病人的动脉中，并且使它保持垂直。管上读出血液的高度 *CT* 的压强就相当于该处的血压。同样，当血压为负压时，用铅直向下插入动脉血管的玻璃管 *cr* 也可以得到血压值，血液高度 *ct* 对应的压强，也就是血压的负压值。伯努利当时和欧拉都在研究用这种方法测量病人的血压。应当指出，伯努利所用的测量血压的方法，虽然是准确的，不过它要给病人带来痛苦。每次测量血压都要刺破血管。尽管这样，这种测量血压的方法，在伯努利之后还是应用了达 170 年之久。一直到 1896 年，一位意大利的医生茹齐(Riva. Rocci,1863—1937)发明了应用到现在的血

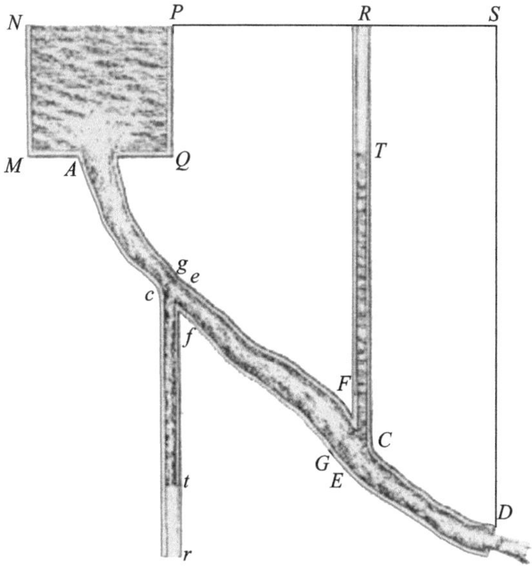

图 4　伯努利用来测量血压的示意图

压计，伯努利的测量血压的方法才被淘汰。

丹尼尔·伯努利流体动力学定律就是把上述测量血压的方法继续发展得到的一个普遍规律。

首刊于《力学与实践》，2006，28(2)：93-94.

6 Chapter 从吹肥皂泡说起

吹肥皂泡很有趣，不少人小时候玩过。一个个滚圆的球，漂浮在空中，还呈现出绚丽的颜色，煞是好看(图1)。

不过，好看的肥皂泡总是过一会儿就破灭了，所以文学家们形容某些美好而不现实的事，说是肥皂泡的幻灭。美国著名作家马克·吐温写过富有激情的句子来歌颂它："肥皂泡，你呀，自然界最激动人心的和最奇异的现象。"

图1　美丽的肥皂泡

肥皂泡的历史很久了，图2画的是一位少年在认真地吹肥皂泡，旁边有一个小孩在注视。它是在200多年前，法国画家西蒙(Jean Baptiste-Siméon，1699—1779)于1739年画的一幅油画。这幅油画现藏于美国大都会艺术博物馆。

肥皂泡不仅是文学家、艺术家思考的对象，也是科学家研究

图 2　吹肥皂泡图

的对象。现代技术，可以做出硕大无比的肥皂泡(见封面右下角图)。

英国著名的物理学家开尔文(Kelvin, Lord William Thomson, 1824—1907)说过："吹一个肥皂泡并且观察它，你会用毕生之力研究它，并且由它引出一堂又一堂的物理课程。"

物理学家对它有兴趣，通过它可以研究表面张力、研究光在薄膜上的干涉作用、研究物质的吸附作用等。不过岂止物理学家，数学家对它有兴趣，通过它研究最小曲面，研究泛函的极值；生物学家对它有兴趣，通过它研究生物体内的薄膜、研究薄膜的生化机理。力学家受它的启发研究薄膜充气结构，顷刻间就可以支起一座容纳上万人的会场。在材料的生产中，要研究肥皂泡有关的问题，如泡沫塑料、泡沫水泥；有时候还要避免泡沫的形成，因为废水中过多的泡沫会对环境造成污染。一百多年来有上千篇的学术论文发表在与肥皂泡有关的课题上，有成百的学术专著出版论及肥皂泡。

在这里，我们要开始讨论的第一个问题是：水和肥皂水都是液体，为什么水就吹不起泡泡而肥皂水就能呢？

原来物质的分子一般都有一种附着于别的物质表面上的能力，物理学家称之为吸附。有的物质吸附能力特别强，称为表面活性物质，有的物质吸附力很弱或者根本没有，就称为弱活性物质甚至是没有活性的物质。两张纸之间没有吸附力，所以邮票和信封粘不在一起。但如果在邮票与信封之间涂了一层吸附力很强的糨糊或胶水，邮票和信封就牢固地粘在一起了。

吸附现象不但存在于固体与液体之间，在固体与气体之间、液体与气体之间、液体与液体之间都会存在。现在我们来看水，水的分子与别的物质之间的表面活性就不太强，例如有油脂的东西就粘不上水，所以要纯粹用水来洗干净带油渍的衣服是很困难的。而肥皂或洗净剂之类的物质却有极强的表面活性，它一方面与水分子吸附力很强，另一方面与油脂分子的吸附力也很强。用添加了肥皂或洗净剂的水洗带油渍的衣物，这些添加剂就能把油渍吸附住，并且把它拉到水里，所以洗起来就轻松多了。顺便讲一点写字的经验，要用毛笔往未脱脂的棉布上或有油脂的纸上写字，是很困难的，因为墨汁与油脂没有吸附力。不过如果用肥皂往要写字的布或纸上擦几下，再写就没有困难了；或者往墨汁里加一滴洗涤剂，也可以起到同样的效果。

我们回到气泡的问题。水不仅与别的物质之间的吸附力不太强，就是水的分子之间的亲和力也比较弱，所以要把纯粹的水吹出气泡来很不容易，稍微扰动一下就破了。但是如果在水里添加了少量吸附力很强的肥皂或洗涤剂，这些添加剂就在水分子之间发挥了吸附作用，使得水分子之间变得不易脱开。于是对这种有添加剂的液体吹气泡就很容易，吹出的气泡即使经过很大的扰动也不会破裂。这就是用肥皂水能吹出绚丽夺目的肥皂泡的道理。

其次，我们来讨论在阳光下肥皂泡的颜色。肥皂膜本身是无色的，就像一张透明的玻璃纸一样，阳光在肥皂膜的正面和背面都会产生反射。当阳光穿过正面，遇到了背面，立刻反射回来；反射回来的光线回到正面，又会引起一定的反射。肥皂膜又很薄，大约只有几微米厚。这样从正面反射的阳光和反面反射的阳光有的地方波峰加在一起，光线就增强，有的地方波谷加在一起，光线就变暗。阳光又是由 7 种单色光组成的，如果在肥皂膜的某一处恰好使得两股反射回来的红光相互抵消了，在这个地方看到的就是失去了红光的阳光，看上去就是蓝绿色。而在另一部分，某种色光得到了加强，呈现出来的就是另一种颜色。肥皂泡就是这样把阳光分解，呈现色彩斑斓的图案。贝壳和珍珠的表面、水面上漂浮的油膜都会有这种彩色，也都是由于材料的表面薄膜产生的光的干涉所造成的。

下面让我们介绍一下与肥皂泡有关的一个著名的数学问题。这个数学问题是以比利时物理学家普拉托(Joseph Plateau,1801—1883)命名的，称为普拉托问题。问题是：在空间过指定的边界曲线的所有曲面中，求其中面积最小的曲面。

普拉托是一位实验物理学家，他用铅丝弯成各种空间闭曲线环，然后把这个曲线往肥皂水中一抄。在这个“环”上立即绷上了一层肥皂膜，因为膜非常薄，它的自重几乎可以略去不计，所以在只有表面张力作用下，这张薄膜自然可以非常近似地看做面积是最小的(图 3)。

在实验上这么信手一抄就得到的解，这却使数学家们大伤脑筋。在数学上如果给定了一条空间边界曲线的方程，怎样解出最小曲面的表达式来。这可不是一件轻而易举的事。开始时连这种曲面的存在性也没有得到证明。后来美国数学家道格拉斯(Jesse Douglas,1897—1965)给出了存在性的证明和求解的途径。不过问题并没有完，数学家们不满足在三维空间里解决这个问题，他们要把这个问题推广到高维空间上去。简单地说，要在 $n+1$ 维空间中给定 n 维闭流形，求一个通过这个闭流形的 $n+1$ 维流形，其体积度量最小。这一下问题的难度就更大了，迄今虽然研究有许多进展，不过离彻底解决还是有一段距离的。

现在让我们回到肥皂泡的力学问题上来。在20世纪初，德国学者普朗特(L. Plandtl,1875—1953)在研究弹性柱体的扭转时，发现在柱体中应力函数所满足的方程和在自重下薄膜满足的方程是一样的。由于这个方程是偏微分方程，当时计算是很困难的。于是提出用测量薄膜的等高线，来得到受扭转柱体内应力流曲线。这就是当时在工程界常用的薄膜比拟法，在现代计算机产生之前，它曾经是求解弹性柱体扭转应力的主要办法。

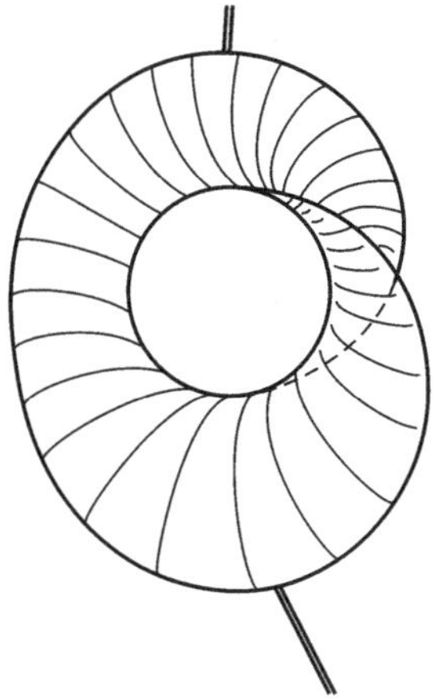

图3 绷在铅丝环上的肥皂膜

肥皂泡是在表面张力和内部的气体压力作用下的一个球状结构。近年来，人们仿照肥皂泡的原理造成了许多大型结构。大致可以分为两类，一类是用薄膜做成气囊，或多个气囊的组合，用气泵往气囊充气后，气囊鼓起来，称为充气结构。图4所示是1986年建于加拿大温哥华的一座多功能大厅，就是充气结构，可以容纳8万人。它可以作展厅，也可以作体育比赛用。图5所示是它的内部。另一类是用金属制造一些刚度很大的框架，然后把薄膜绷到框架上，它类似于前面普拉托所做的肥皂膜实验，也称为薄膜结构。图6所示的是一座发电厂的大型冷却塔。以往这种冷却塔都是用钢筋混凝土建成的，现在只要制造成所需要的框架，然后把一定质量的薄膜绷上去，就可以了。既省工又省料。

目前，充气和薄膜结构使用的范围愈来愈广，从充气屋顶、充气大厅、充气枕头、充气床到充气玩具，不一而足。薄膜结构

图4　1986年建于加拿大温哥华的一座充气结构

图5　充气结构大厅的内部

也日益扩展它的市场，古老的油布伞、船上的帆都可以看做这类薄膜结构，现在薄膜屋顶、薄膜帐篷用得也很普及。

图 6　用薄膜做成的大型冷却塔

充气和薄膜结构的强度和变形的计算是一个典型的力学问题。前面我们看到，一个肥皂膜的问题已经使数学家伤透了脑筋，而真实的薄膜结构除了有充气压力，薄膜的张力之外，还要在结构上添加许多绳索和约束，就使得计算更为复杂了。不过不管怎样复杂，力学家和结构工程师总还是能够想办法近似计算的。

在生物体内，不管是动物还是植物，都存在各种各样的薄膜。小的说，每个细胞都是包在细胞膜内包裹着细胞质的结构。这里面不仅有力学问题，还有物质通过薄膜的输运问题和有关的生物化学问题。仅仅就生物薄膜的变形和强度问题，在一门新的学科(生物力学)中就构成了一个主要的研究方向。

总之，从肥皂泡引申开来，与它有关的问题是如此之多，如果把它涉及的方方面面都研究清楚，不仅一个人的毕生之力不够用，就是人类集体之力，也不是一朝一夕能够弄清楚的。你有兴趣试试吗?

刊登于《力学与实践》，2005，27(6)：86-88.

7 Chapter

从窑洞的冬暖夏凉谈起

——一种居室温度调节的节能前景

冬暖夏凉的窑洞

窑洞，是我国西北部黄土高原地区的传统民居建筑，广泛分布于陕北、山西、陇东、宁夏南部以及豫西等地。早在古代，我们的先民就有“凿穴为居”的习俗，至今居住人口仍达四千万以上。

生活在黄土高原的人们为什么选择窑洞这种居室形式呢？黄土的直立性为开凿窑洞提供了保证。黄土高原被众多的沟豁切割得支离破碎，在沟豁的岩面上开凿窑洞是十分方便的。对于在黄土高原塬面保存较好的平坦地区，人们就凿掘出方形或长方形平面的深坑，沿着坑壁开凿窑洞，称为地坑窑或天井窑。其间的生活被描述为“上山不见人，入村不见村，平地起炊烟，忽闻鸡犬声”。

除了上述因地制宜、能够和易于建造的优点外，窑洞的另一显著特点是保温隔热、冬暖夏凉，其温度和相对湿度的稳定性好，有益于人们的健康。住在窑洞里舒适，能延年益寿，难怪它深受人们的喜爱。

窑洞的冬暖夏凉，古人就已清楚。在明人陈继儒所著的《销夏部》中就有不少古人利用天然洞穴的凉爽以避暑的记载。其中有一则说："巨鹿金乡山北有石洞口，清凉，深十余丈。内凿四小阁，阁外一堂，陛高三尺，堂外两门，门外两大阁。石道长三十丈，阔十有六尺。世传秦始皇避暑宫也。"说明在很的古时候，窑洞挖得已经有相当的规模，甚至有宫殿的形制，用作避暑。该书在摘录一篇宋朝人写的《石乳洞记》的末尾说："洞之中，冬温而夏凉。"

为什么窑洞和天然洞穴里冬暖夏凉呢？从现代科学技术的角度看，是否可以利用这种现象呢？值得我们仔细分析一下。

窑洞里冬暖夏凉的原因

设 $u(t,z)$ 为在 t 时刻距地面深度为 z（向下为正方向）处的温度，因为从地表向地下传热是一个热传导过程，所以 u 满足下面的一维热传导方程及边条件

$$\left.\begin{aligned}&\frac{\partial u}{\partial t}=\kappa\frac{\partial^2 u}{\partial z^2},\quad t\geqslant 0, z\geqslant 0\\&u(0,t)=\cos\omega t,\quad t>0\end{aligned}\right\}\tag{1}$$

式中　ω 为地表温度变化的圆频率。方程中系数 $\kappa=\dfrac{k}{\rho c}$，k，ρ，c 分别为土壤的导热系数、密度和比热容。

本来，在边条件的提法中，用三角函数来近似代表地面温度变化，应当是

$$u^*(0,t)=A\cos\omega t+B\tag{2}$$

式中　A 为地表温度变化的振幅，B 为地面平均温度。由于热传导方程和它的边条件都是线性的，所以可以对上述边条件右边各

项分别求解，然后将所得的解叠加。对应第二项平均温度项的解很容易得到，即在时间和空间上仍是常数。所以剩下的问题就是按(1)式的边条件去求解 $u(z,t)$。

问题(1)具有如下封闭形式的解

$$u(z,t)=\mathrm{e}^{-\alpha z}\cos(\omega t-\alpha z),\quad t\geqslant 0,\quad z\geqslant 0 \tag{3}$$

其中，$\alpha=\sqrt{\dfrac{\omega}{2\kappa}}=\sqrt{\dfrac{\rho c\omega}{2k}}$。

从而，满足实际边条件(2)的解为

$$u^{*}(z,t)=A\mathrm{e}^{-\alpha z}\cos(\omega t-\alpha z)+B \tag{4}$$

好了，有了解(4)，我们就可以来回答窑洞里为什么冬暖夏凉的问题了。

根据(4)式，地下温度变化与地表存在一个相位差 αz，即地下温度的变化在时间上要落后于地面。从直观上理解，土壤的导热能力不强，因此地表温度的变化要经过一定的时间才能传到地面下很深的土壤。土壤层越深，这个落后的时间也越长。当地下某个深度相位差为 π 时，则正好和地面温度变化相反，地面温度达到最高(低)点时，地表却处于最低(高)点。

现在设地下的土壤是由接近于黏土的材料组成的，查得在 20 ℃时，$\rho=1\ 457.0\ \mathrm{kg/m^3}$，$c=0.21\ \mathrm{kcal/kg\cdot ℃}$，$k=1.000\ \mathrm{kcal/h\cdot m\cdot ℃}$(见文献[2])，将这些数据代入 $\alpha z=\pi$ 计算得

$$z=\pi/\alpha=\pi\sqrt{\frac{2k}{\rho c\omega}}=\sqrt{\frac{\pi kT}{\rho c}}$$

考虑到日温度变化圆频率 $\omega_1=2\pi/T_1$，$T_1=24\ \mathrm{h}$，年温度变化圆频率 $\omega_2=2\pi/T_2$，$T_2=3\ 65\times 24\ \mathrm{h}=8\ 760\ \mathrm{h}$，代入可得

$z_1=0.49\ \mathrm{m}$，$z_2=9.41\ \mathrm{m}$

上面两个数据表明，如果你置身于 0.49 m 的地下，那么你对昼夜温度的感觉会倒置；如果你置身于 9.41 m 的地下，你对夏冬的感觉会倒置。不过，从后面的计算可发现，9 m 多深的地

下温度波动已经非常小，与全年平均温度相差甚微。由于在冬天地表温度比平均温度低，夏天地表温度比全年平均温度高，故在那里人的感觉仍是冬暖夏凉。窑洞正是利用了土壤导热的这一性质，它的上面一般都有较厚的覆盖层，在窑洞里的温度也接近于年平均温度，所以在窑洞里总是冬暖夏凉的。对这种现象的发现和利用，是我国古人经验和智慧的结晶，以上分析说明这种认识是很符合科学道理的。

地下土壤的冬暖夏凉这一现象，对于研究地下动物和植物地下部分的生活条件，具有重要的意义。譬如，许多动物是在地下越冬的。特别是个体体积较小的动物，如昆虫和蛙类以及鼠类等小动物，它们的身体表面积相对大，到了冬天也容易损失热量，如不采取措施，体液就会结冰而死亡。这就是它们冬天蛰居于地下在那里过冬的原因。各种树木根部细胞的繁殖所以在天冷季节进行，根部的所谓形成组织的活动，在整个炎热的季节几乎停止，恰跟地面上树干的情形相反，我们也就容易理解了。

在文献[3]里，记载了列宁格勒州斯卢茨克地方地下温度的数据，在 3 m 深的地下，一年里最暖的时间的到来要比地面上迟 76 天，而最冷的时间的到来要迟 108 天。比照这个数据，我们来校核一下上面理论推导的结果:

在 $z=3$ m 时，$\alpha z=z\sqrt{\dfrac{\pi\rho c}{kT}}=0.334$，将此位相差换算成天数为 58 天

考虑到列宁格勒当地的土壤冻土层的厚度为 3 m 左右，我们又知道冻土的导热系数要小于粘土，因此我们的计算结果是合理的，说明我们的模型和所得到的解是正确的。

从式(4)中，我们还注意到地表以下温度振幅的变化为 $A'=Ae^{-\alpha z}$，随着 z 的增大，到了深层振幅迅速衰减为零，温度趋向于恒定的平均温度。ω 越小，振幅衰减得越慢，振动传播的就

越深。

以下我们来作一个估算：

设地下深度为 z 时，振幅衰减到原来的5%，即 $e^{-\alpha z}=0.05$，则

$$z=-\frac{1}{\alpha}\ln 0.05=-\sqrt{\frac{2k}{\rho c\omega}}\ln 0.05=-\sqrt{\frac{kT}{\rho c\pi}}\ln 0.05$$

代入数据可得 $z_1=0.47$ m，$z_2=8.97$ m。

这表明，地下 0.5 m 以下昼夜温差基本为零，一天内温度保持在日平均温度，9 m 以下则基本保持年平均温度，温度的起伏波动已经非常不明显了。巴黎天文台的地窖里，在 28 m 深的地方有一只拉瓦锡放在那里的温度计，二百多年过去了，这只温度计所显示的温度始终为 11.7 ℃，一点也没有变过（见文献[3]）。

地下温度相对恒定这一事实，还可以解释我们为何将自来水管以及暖气管道埋在地下。只有这样，在严寒的冬日，自来水管才不会冻裂。对于供热管道来说，埋得过浅，由于冬天的地表温度很低，热损失太大；埋得过深，施工时的土方量又太大，划不来。通常选择 2~3 m 作为一个合适的管道埋藏深度。

关于住宅温度调节及结构设计的设想

上面讨论的土壤中热传导的普遍规律，也应当像其他大自然的规律一样有许多应用。前面我们列举的开挖窑洞以求冬暖夏凉、把管道埋在地下以免冻裂和热损失，就是它的应用。现在我们问：可不可以将这种应用推而广之呢？回答是肯定的。这里我们就来讨论一下它对住房供暖和降温的可能应用。

我们的栖身处是温度多变的地表。为了免受夏日的酷暑、冬日的严寒，人们用各种设备来调节温度。在现有的调节温度的手段中，大型的如城市供热的热电厂，小型的如锅炉采暖、降温的空调设备。以一间面积 16 m^2 的房间为例，大约需要功率 1 kW

的空调来调节温度，再以一年内需要有四个月供热、两个月降温来算，大约需要400多元的费用。如房屋寿命以50年计，则在这50年中的采暖、降温的费用要大大超过它的建造费。这是一笔多大的开支呀！

既然一年四季地下都恒定在年平均温度，我们不禁受到这样的启发，不妨向昆虫和蛙类、鼠类等小动物学习，何不将建筑物尽量建在地下呢？即高层建筑地下化。这样，地下部分就能直接获得常年适宜的室温，省却了外加手段调节温度的大笔费用。事实上现在已经有这样的建筑，美国圣路易斯的华盛顿大学的图书馆两层在地上，四层在地下，伊利诺伊大学的图书馆干脆就全部建在地下。

地下建筑对供热的需求大大地降低了，额外需要的是通风和照明的设备，而后者的耗能量是很小的。还是以16 m^2 的面积为例，供热所需功率为千瓦的量级，而照明通风只需要几十瓦，相对而言为一小量。

高层建筑向地下发展的弊端是在建造时开挖地下部分需要较大的投资。不过它也带来另一大优点，由于结构的大部分在地下，抗震强度提高了，从而能够大大节约结构抗震加固的成本，降低预算。再加节约了大量供暖、降温的维持费用，总算起来，还是很合算的。所以它是近年来民用建筑的一大趋势。

从上文中可以得知，我们脚下的大地约10 m深以下是一个无限大的恒温的热库。因此改善现有的供热方式，寻找一种热效更高、花费更低的方法时，为什么我们不将地下这个恒温热库充分利用起来呢？

从热力学我们知道，理想卡诺循环的热效率是

$$\eta=\frac{T_1-T_2}{T_1} \tag{5}$$

式中 T_1 为热机入口端的绝对温度，T_2 为热机出口端的绝对温度。而且任何热机的热效率不可能超过它。式(5)不论对发动机、供热设备还是空调机都是对的。按照这个公式估算现今的供热和降

大众力学丛书

温的热效率：

以北京为例，在夏天，室内温度要求 $T_1=25$ ℃ $=298$ °K，室外温度大约是 $T_2=35$ ℃ $=308$ °K，这时热效率是 $\eta_1=-0.0336$。

在冬天，室外温度大约是 $T_1=-10$ ℃ $=263$ °K，而室内温度要求 $T_2=20$ ℃ $=293$ °K，这时的热效率是 $\eta_2=-0.114$。

现在，假定在夏天和冬天对室内温度的要求不变，而把室外的温度置为北京的年平均温度，即 11.8 ℃，这时相应地可算得夏天的热效率为 $\eta_1=0.0443$，冬天的热效率为 $\eta_2=-0.029$。这就是说，在夏天热效率为正，即不仅不费功，而且还可以回收一部分能量。而在冬天，热效率的负值也大大减小了。总起来，节约的能量将有一半以上。

实际上，以上的设想是可以实现的，这只要在夏天不把你的空调机的散热器放在炎热的 35 ℃ 的窗外大气中，而把制冷介质的管道适当延迟，把散热器放在 10 m 深的地下，就可以了。在冬天，用适当的介质以管道通向地下 10 m 深处，把那里的热量取上来再加热，这比从室外的 -10 ℃ 的冷空气加热要节省得多。

好了，从原理上对利用地下热传导规律节约能源，我们已经论证得够充分了。剩下的问题是技术问题了，也就是如何在地下 10 m 深处充分实现热交换的问题。这不是本文要讨论的问题，我们相信肯动脑筋的读者，一定能想出高明的办法，去改善你的住房设计，去申报各种各样的专利。实际上，在国内外已经有一批这方面的专利，不过，要适应各种复杂的条件，还是需要不断改进的。

参考文献

[1] Holman J P. Heat Transfer[M]. 5th ed. McGRAW-

HILL International Book Company，1981.
[2] 罗森诺 W M，等. 传热学手册[M]. 谢力，译. 北京：科学出版社，1985.
[3] 别莱利曼. 趣味物理学[M]. 符其殉，译. 北京：中国青年出版社，1979.
[4] 汤惠芬，范季贤. 城市供热手册[M]. 天津：天津科学技术出版社，1992.

最早刊登于《力学与实践》，与徐丹合作，2000，22(2)：75-77.

漫话高压锅

8

Chapter

据考证，早年有一个英国人叫约翰·艾文莱在1682年4月12日的日记里，记到他吃过一顿美味，那是丹尼斯·贝平先生用一种特殊的炊具烹调的，连骨头都煮酥了。他所说的特殊的炊具，大约就是现在人们常用的高压锅，由于这种锅煮沸时锅内的压力较高，也被称为压力锅。不过，那个时代的高压锅做得不怎么安全，时常发生爆炸，因而尽管三百年前就有了，但人们实在犯不着冒着生命危险去品尝由它制作的美味，也就一直推广不开了。

为了设计和制造安全的高压锅，归根结底需要对沸腾这一物理现象进行研究和了解。人类自从发明了陶釜(用陶器造的锅)和铜鼎(用铜造的锅)之后，沸腾这一现象几乎天天遇到，人们熟视了几千年，但是对这一现象的深入了解，还只是近二百年的事。

起先，人们对温度和热量的概念是分不清的，只是模糊地认识冷了、热了，没有一个定量的概念，直到1742年才有了摄氏温度这样的温标。到了1760年，英国化学家布莱克开始注意到水在沸腾时，尽管继续加热，水的温度却保持不变，一直要等到水全部蒸发干了以后，锅里的温度才会继续升高，水在沸腾时的温度便称为水的沸点。不断外加的热量使得处于沸点的水变为同一温度的蒸汽，这种由液体变为同一温度的气体的附加的热量就称为汽化潜热。同样，冰化为水时也需要吸收热量。这种对潜热的认识才使人们真正区分了温度与热量这两个概念。

大约在 1740 年，瑞士的气象学家德吕克对沸腾现象产生了兴趣。他在一篇文章中专门论述了水的沸点随海拔高度的变化而改变的现象。之后，从 1765 年到 1770 年他同他的兄弟两人花了五年时间在日内瓦附近的原始山地进行了不同海拔高度处水的沸点的测试，发现由于不同海拔高度处大气的气压不同，因而水的沸点与大气压有着密切的关系。最后的结论是水的沸点随着气压的升高而增高。经过后人进一步的精密测量，我们有如下一张大气压与水的沸点关系的表格：

水的沸点/℃	20	40	60	80	90	100	110	120
气压/Pa	2 338.1	7 381.2	19 934.0	47 377.0	70 121.0	101 325.0	143 250.0	198 490.0

通常在海平面上的大气压为 101 325 Pa，这时水的沸点是 100 ℃；当海拔升高时，大气压随之降低，如在海拔 3 000 m 处，大气压只有 70 000 Pa 左右，这时水的沸点大约是 90 ℃，这也就是说，在海拔 3 000 m 的高原上锅里的水温最高达到 90 ℃。我国青藏高原平均海拔在 4 000 m 以上，因而水的沸点低于 90 ℃，这就是为什么在高原上煮饭不容易煮熟的道理。以前，在没有高压锅的时候，你如果到青藏高原上藏民家里去做客，招待你最好的食物是烤牛肉、烤羊肉，而不是蒸、煮的食物。西北地区的特色食品中，大多是烤炙的，如烤全羊、烤羊肉串等，大概就是当地气压较低而不容易煮熟的原因吧。

根据上面的讨论，为了把水的沸点提高，就要将水的环境气压提高。人们虽然没有办法将大气压力加大，但总可以将锅密闭起来，用加大锅内的局部压力的办法来提高水的环境气压。前面提到的17世纪英国人丹尼斯·贝平发明的特殊炊具大约就是利用这一原理来实现的。

如果只是简单地将水密闭起来加热，水蒸气产生后，内部气压增加，压力达到一定的大小后密闭容器就会爆炸。因而高压锅的设计中一个关键问题是如何设计一个阀门来控制密闭容器内部的压力，使得压力达到一定值时阀门能自动放汽。这样，密闭容器内部的压力就能保持一个固定值，从而容器内的沸腾温度也保持一定值。这就是现在高压锅的排汽阀的功能。排汽阀的构造其实很简单，实际上是一个金属重块和一个适当面积的排汽孔（图1）。设金属块的重量为 W，排汽孔的面积为 A，则锅内的气压被控制在 $p=W/A$。当锅内气压小于 p 时，排汽阀关闭，因为这时候重块的重量大于气体对它的总压力，重块将排汽孔堵死；反之，当锅内气压大于 p 时，气体对重块的总压力大于重块的重量，排汽阀便打开放汽。于是高压锅内的气压便可以维持为 p。我国现在通用的高压锅，p 的值设定为两个大气压左右，对应锅内的水的沸点大约为 120 ℃。

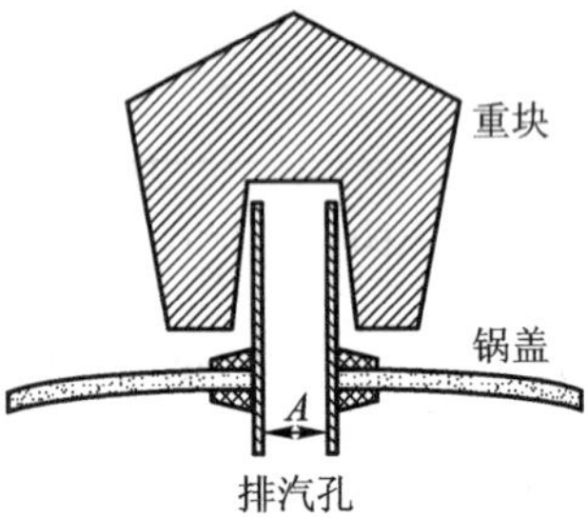

图1 排汽阀示图

上面说的这种排汽阀的设计，的确很简单，但是它有一个很大的缺点，就是由于排汽孔很小，有时会被蒸汽冲上来的米粒或豆子等食物所堵塞，一旦发生这种情况，就相当于排汽孔的面积 A 减小了，这时控制气压 p 便会增大，高压锅就有爆炸的危险。为了使高压锅使用起来安全可靠，人们又发明了一种安全阀。它的原理是这样的：一旦排汽孔被堵塞，锅内的压力便会升高，随之而来的是锅内温度的升高。安全阀上安装了一片在某一固定温度上就会熔化的低熔点合金片，一旦温度达到了它的熔点，安全阀就会适时放汽从而避免发生爆炸。由于有了排汽控制阀和安全阀这两项发明，高压锅才真正安全了，所以直到20世纪30年代才开始逐渐普及使用。在我国，高压锅的普及只是近30年的事儿。

高压锅不仅在日常生活中得到普及，在医疗卫生中的高压高温消毒，轻工业中的罐头食品消毒等都用同一原理制成了高压锅，只不过是其控制压力比普通的高压锅要高罢了。发电厂的大型蒸汽锅炉，也是一种高压锅，当然为了提高热机的效率，它的控制压力特别大，大约是240个大气压；蒸汽的温度也特别高，通常能达到565 ℃左右，这是通常金属材料不发生热蠕变的上限。

高压锅是一种民用的高压容器，所以从设计、用材以及加工工艺和产品质量的检验，国家都有严格的规定。经过国家批准的合格厂家的产品，使用是安全的。尽管如此，如果使用不当，也会造成不幸。

懂得了高压锅的工作原理以后，如何正确使用高压锅的问题也就简单了，一般要注意以下几点：

1. 安全阀上的低熔点合金片，一定要采用合格的产品，更不能自行用其他金属片代替；使用过程中金属片靠锅内侧要注意不被食物堵塞，以免影响热传导。

2. 排汽阀上的重块不能增加重量，也不许用其他物体压在上面，当阀门开始排汽时，还可以适当将火关小，这样既安全又节省燃料。

3. 排汽孔应保持通畅，不能随意扩大或堵小。

4. 锅盖上的密封圈，每次用过之后应当洗净，每次使用之前最好用水泡湿；一旦发现密封圈的材质老化，有漏气现象，必须及时更换，以免由于密封不严，从密封圈处发生沸水喷漏伤人。

5. 高压锅蒸煮食物后，一定要等温度降低到 100 ℃ 以下时才可以移去排汽阀，否则也会发生沸水从排汽阀向外喷出的事故，现在最新的高压锅都加了一个压力自锁装置，锅内压力高于一定值时锅盖被锁住，这样又多了一道“保险”。

好了，如果你拥有的是一只合格的高压锅，又能注意安全操作，那么使用高压锅的确能带给你不少好处：省事、省时、省燃料，还有美味佳肴，用它煮的米饭更香，蒸的馒头更松软，炖的排骨更酥更烂。如果你还善于钻研，稍微花些心思妙用高压锅，你一定会比 17 世纪英国人约翰·艾文莱品尝到更多更新奇的美味！

本文与北京大学黄克服合作，最早刊登于《力学与实践》1999 年第(1)期，并获茅以升科普二等奖.

9 Chapter 谈火的进步

人们说火的发明，可以算作人类的第一次技术革命。通过火制造众多的用品和原材料，烧制陶器、瓷器，冶炼金属，锻造机器。通过火提供推动机器的蒸汽和燃气，人们有了动力可以推动机器和交通工具。有了火，人们才可能熟食；有了火可以温暖住房，帮助人们在冬季御寒；有了火，人们改变了吃住的条件，从而也改变了人类自己。

由于火的重要，人们世代感谢发明火的人。又由于找不到火的真正发明人，于是人们把火的产生归结于圣人。在西方，古希腊人认为火是一位名叫普罗米修斯的人从太阳神那里偷来的，因此被宙斯处以死刑。在我国，人们认为火是一位叫做燧人氏的人发明了钻木取火，之后人们才能够按需要随时生出火来。

古时候，人们认为火是一种物质。古希腊人说水、火、土、空气是构成世间万物的四种元素。古代中国人则认为金、木、水、火、土为五行，也是构成世间万物的基本元素。后来是法国人拉瓦锡(Antoine Laurent Lavoisier, 1743—1794)(图 1)经过许多实验告诉我们，火不是物质，而是一种化学变化。火是一种化学物质与一种称为氧的气体起激烈化学作用的现象，这种现象称为燃烧。通常空气中含有大约五分之一的氧气。

图1　拉瓦锡像

现在我们知道，燃烧要两个条件，即燃料和助燃剂。木头、煤、油、煤气、氢气等可以与氧发生激烈化学作用的东西称为燃料。要燃烧还要有空气、氧气或其他含有氧的物质。

对于火，有三件事是非常重要的。第一是发火的条件，一般情况下就是点火的温度。第二是火能够维持燃烧的条件，和怎样提高火的温度。第三是火的控制，即怎样能够使火的大小、温度的高低能根据人们使用的情况随意加以控制。

首先来说发火条件。在一定的周围条件下，燃料要燃烧起来并且继续燃烧下去，得有一定的温度，这个温度称为自燃温度，或称为着火点。例如，木材和棉花是350 ℃左右，汽油是250 ℃左右，白磷只有40 ℃，红磷是240 ℃。

在历史的长河中，为了要得到火，人们积累了许多发明。其中有借敲击燧石得到火的办法，进一步发明了用钢条(俗称火镰)与燧石敲击取火。后来发明用铜制的凹镜(称为“阳燧”)聚集太阳光取火。还有依靠聚集摩擦热量的“钻木取火”。一直到近代发明的用白磷做的火柴、用红磷为主要原料做的安全火柴，还有近代的火石与打火机。这些发明都无非是造出一个小规模燃烧的“火种”，借以点燃更多的燃料，也即使更多的燃料达到着火点，燃烧下去。

其实，我们现今使用得非常方便的火柴与打火机，从原理上讲，也无非是古代颇为原始的取火方法的发展。火柴是钻木取火的发展，古代要摩擦很久才发火的方法，在火柴，采用了低燃点的磷，只要轻轻一擦就可以得到火。古代靠燧石得到的火的方法，现在的打火机则用一个细小的砂轮，在人造的火石上一敲，发出的火星就可以点燃近旁的液体或气体燃料，生出火苗来。进一步讲，这两种方式的根本原理，都是摩擦取火，敲击无非是一种更快的摩擦。它们的共同点，是把机械能变为热能。

关于如何维持燃烧的条件和如何提高燃烧的温度，说起来话很长。简单说来，就是要不断地有燃料和助燃剂供给。消防人员灭火就是要么撤去可燃物质，要么使燃料与助燃剂隔离。用水灭火，就是使水把燃料与空气隔离。

为了要提高燃烧的温度，这可不是一件轻而易举的事。人们有许多发明是为提高燃烧温度的。

起先，人们发现，对燃烧的燃料吹气，火就会烧得更旺。于是，中国人发明了对火鼓风的气囊，当时称为“橐”。橐是用皮做的，其功能和现在吹气用的“皮老虎”相似。至迟在战国时期，出现了多橐并联或串联的装置，名为“橐籥(音tuóyuè)”，汉代又称之为“排橐”。图2所示就是在山东滕县出土的汉代冶铁画像石中的锻铁作业用的鼓橐。后来又出现以

图2　汉画像石上的“橐”

畜力驱动的橐。

鼓风橐的发明非常了不起。一般木材燃烧时能得到大约 1 000 ℃的温度，陶器就是大约在这个温度下烧制成的。所以我国考古发现在 4 000~6 000 年以前就出现大量的陶器。铜的冶炼大约也是需要 1 000 ℃左右的温度，所以青铜器的出现也大致和陶器的使用同期或稍后。人们采用鼓风橐加强燃烧后，就可以得到大约 1 500 ℃以上的温度。而铁的熔解温度大约是 1 500 ℃。所以只有在橐出现并且大量应用之后，人们才逐渐掌握了冶炼和锻造铁的技术。瓷器的生产需要大约 1 200 ℃以上的温度。所以也是在汉代以后中国才逐渐有瓷器的生产。所以，在一定意义上可以说，鼓风橐的发明，推进了人类社会从青铜时代向铁器时代的转化。

后来，中国人又发明了鼓风用的风箱。明代宋应星著的《天工开物》上就绘制了若干幅风箱图(图 3)。该书在介绍冶铁时说：“扇炉风箱必用四人、六人带拽。”说明需要用相当大的风箱。

图 3　明崇祯版《天工开物》的冶铁图

再后来人们发明了煤气，又发现燃烧是燃料与助燃剂按一定比例的化学反应。所以鼓风也不是风越大越好。而是要按一定的比例鼓风。这就出现了到 19 世纪末，德国化学家本生发明的本生灯，它使煤气充分燃烧，可以得到大于 2 500 ℃的温度。之后又有各种高效的燃烧炉的发明使燃烧的温度达到 3 500 ℃

以上。

在不断提高燃烧温度的过程中，人类得到了提高燃烧温度的丰厚的回报。人们有可能冶炼与锻造任何金属。钨是熔点最高的金属了，其熔点是3 410 ℃，人们也可以把它熔化。

为了提高温度，总结起来一方面是要使燃烧尽量充分和快速，另一方面要使燃烧的热量尽量保持而不散失。为了加速燃烧，所送入的风如果是冷风，燃烧所产生的热量有一部分就会被冷风抵消。所以在现代的炼铁高炉中，经常是把要鼓入的空气预热到 800 ℃ 以上再由鼓风机送入。

人类对提高温度的要求是没有止境的。人们的研究发现，太阳 50 亿年以来一直在进行着核聚变：氘或氚原子核聚变成一个氦原子和其他基本粒子，同时释放出若干兆电子伏的能量。这种变化称为核聚变。如果在地球上也能够人工实现这种核聚变，人们便会拥有取之不尽的无污染的能源。遗憾的是，核聚变的点火温度大约是 1 亿摄氏度！

这么高的温度当然不能完全靠燃烧来提供热量，人们用激光、等离子体、超导、电磁感应，所有可能的各种手段全用上了，也还相差相当大的距离。其中最难办的是在这样高的温度下任何材料都将成为气体。20 世纪 50 年代初期，苏联科学家提出托卡马克的概念。托卡马克（Tokamak）在俄语中是“环形”、“真空”、“磁”、“线圈”几个词拼凑起来的，这是一种形如面包圈的环流器，依靠等离子体电流和环形线圈产生的强磁场，将等离子状态的聚变物质约束在环形容器里，以此来实现聚变反应。

核聚变所遇到的问题，和我们在通常温度下点燃一堆火，所遇到的问题大致相同。也一样是点火、维持和提高效率与控制这三方面的问题。只不过这些问题对于核聚变来说表现得难度更大，更具有挑战性。人们对于普通的燃烧，花了近万年的时间去研究和改进。人们对核聚变这种新类型的“火”，才刚刚研究了不到一个世纪。人类第一次实现核聚变是美国于 1952 年 11 月 1 日在太平洋的一个珊瑚小岛上进行的。这就是第一次氢弹的试爆。它是用原子弹，即核裂变产生的高温来点火的。

像氢弹那样在一瞬间释放巨大的能量，对于和平利用来说是用处不大的。必须要像普通的火那样能够控制、那样“驯服”，才能派上更多的用场。图 4 所示是美国普林斯顿等离子物理实验室研究可控核聚变的装置，这个装置是在 1982 年 12 月到 1997 年 4 月之间实际运行的设备，它是一座托克马克型的装置。在运行期间，它创造了许多新记录。如短时达到了摄氏 5.1 亿度的高温，生产过一万千瓦的核聚变能量等。

图 4　美国普林斯顿等离子物理研究室的核聚变实验装置

人们对待火的控制，已经可以说是炉火纯青了。我们用煤火盖子的开合来控制火的大小，用阀门开关来控制煤气炉火的大小，还用了自动点火等一系列的措施。火，呼之即来，挥之即去。我们现在在烧饭、洗澡、取暖时已经觉得非常方便了。不仅如此，工业上用的炼钢炉、化铁炉，发电厂的大型锅炉，人们控制得也一样方便。

什么时候，我们能够把核聚变这种“火”产生的能量使用得像对待炉火一样自由，人类的能源问题就会从根本上解决了。这正是现在科学努力的重要方向。有人估计大约还需要 20 年，可控核聚变反应就可能成功。

钟表和力学的发展

10 Chapter

莎士比亚写的戏剧《朱利奥·恺撒》的第二幕第二场中有一段对话：

恺：……现在几点了？

布：恺撒，已敲过八点了。

其实在恺撒的时代(公元前1世纪)根本就没有报时钟。能自动敲点报时的钟大约是那时代往后1 400多年才发明的。莎翁以自己的生活经验写他之前1 600多年的事，由于没有注意计时器的历史发展进程，因而闹出了笑话。犹如我们现在写莎翁打电话一样荒唐可笑。

在现代社会中，钟表不仅是科学技术中重要的计时手段，而且已经变成日常生活的必需品了。然而人类计时的发展是经过漫长的岁月的，本文就是要着重谈谈与钟表发展历史有关的一些问题。

计时手段的发展和力学的学科发展有着十分密切的联系。力学的发展依赖于计时，力学的发展又反过来促进计时的发展与革新。

我们常说，力学是研究物质机械运动的学科。所谓机械运动是物体在空间中、在时间过程中发生的位置变化。力学又可以分为动力学和静力学两个“部门”。

静力学是研究平衡的学问，和时间的关系不大，所以大约在16世纪，在较精密的计时装置发明之前，斯蒂芬(Simon Stivin，1548—1620)以发现了力的平行四边形合成道理而宣告静力学的系统化。在他的《静力学》专著中只用到了几何学。

而动力学就不同了，它的确立必然要和精密的时间量度相联系。所以动力学的发展同精密计时手段的发展是相辅相成的。

为了说明精密计时同力学发展的关系，让我们首先观察一架现代的计时装置由哪些部分组成。拿任何钟表来说，它一般由三部分组成，这就是动力部分、传动部分和控制部分。

先从控制部分说起，它是计时器的心脏。它具有一个标准的运动装置，是一个标准的依时间均匀地直线运动或等时地周期运动的装置。这部分提供计时系统运动的标准。同时还要有一个称为卡子(擒纵器)的机构，用来使系统的运动和标准的运动同步。

其次是传动部分，用以将标准运动的时间经过经过复杂的转换显示出来。例如打更、举旗、指针和文字显示等。

最后就是动力部分。这部分提供自动计时器的原动力或能源。

严格地说，这三部分都是和力学不可分的。从远古起它们就在发展并且积累了相当多的知识。

大约在中国的南宋时代，有一位学者薛季宣(1134—1173)总结当时的计时手段时说：“晷漏有四，曰铜漏、曰香篆、曰表圭、曰辊弹。”这段话被稍后的南宋学者王应麟摘录于《小学绀珠》中。这里“晷漏”是计时器的总称。所说的四种方式我们分别介绍如下。

“铜漏”是一种用来计时的贮水铜制容器。下部有孔，水不断泄漏。水位下降，指示水位的刻度便可以告诉你时刻。此类装置在古代西方与中国都有考古发现。最早出土的漏壶在埃及，大约成器于公元前 3 400 年。其形状为顶端大底部小的截锥体。由于水位高时水流得快，低时流得慢，这样可以使水位大致保持均匀下降。中国出土最早的漏壶大约在西汉，之后一直到明代还在使用。古书上形容大臣们按时去早朝为“待漏”。漏壶后来也有以沙代水的，称为沙漏。

“香篆”是以点燃一种用木屑加胶制成的条状物(称为“香”)来计时的。中国最早用香作为祭祀与祷告的用品，即“香烟缭绕，以达神明”，以后才用以计时。看香燃烧的长度来确定时刻。用香还能制成一种“闹钟”。方法是在香的某个长度上系一段线，线的另一头系一小铜球，当香燃烧到系线处便将线烧断，这时小铜球便落在下面预置的盘中，发出响声。在西方虽然没有烧香一说，但古代有以燃烧蜡烛的长度来计时的办法。

“表圭”是测日影长度和角度的仪器。直立者为表圭，斜立者且底盘有分度者为日晷。它们是一切仪器中最为古老的。以测日影长度和角度定时间的办法起源很早，东西方都在距今约三四千年以前。

前面介绍的这三种计时办法，“香篆”和“表圭”都不准确。前者同是一根香，燃烧速度受气温气流的影响很大，何况不同的香燃烧速度有很大的不同。而后者因为影子的边界模糊不易测准，而且在阴天就失败。比较起来铜漏相对好一点。所以据《周礼》所记，中国古代从周朝开始就已经有专门掌管时刻的官职，如“夏官挈壶氏”等。一直到明末以后，漏壶才逐渐被现代钟表所代替。

以上三种计时方式还有一个共同的缺点就是观察不方便。铜漏的刻度是在壶的内壁，古时不像现在有玻璃器皿，观察刻度比较方便。怎样才能使漏壶的度量变为易于观察的标志，从汉代到明代的一千多年中，颇有人动过不少脑筋，通过十分复杂的机构以达到这一目的。这就是所谓的“辊弹”，也就是现代钟表的前身。

最早的机械辊弹，要数东汉张衡(78—139)(图 1)所造的浑象仪了。它利用漏壶流水来驱动，以一套复杂的齿轮系统传动使之均匀地绕极轴旋转，可以调整使其旋转速度和天球旋转速度大致一样。这样一来，昼夜星辰出没都可以实际显示出来，因此它又被称为水转浑天仪。不仅如此，它还可以表演月亮盈亏，所以实际上还相当于一架粗制的带日历的大钟。继张衡之后，三国时吴国的陆绩、葛衡，南北朝时宋代的钱乐之、梁代的陶宏景，隋朝的耿询，唐朝的高僧一行和梁令瓒，北宋的张思训，都做过浑天仪，而且每次都有所改进。

图 1　张衡像

最为巧妙的是北宋人苏颂(1020—1101)于 1088 年设计制造的水运仪象台。它的构造在苏颂著的《新仪象法要》中描述得很详细。20 世纪 50 年代我国学者王振铎等将它复原于北京历史博物馆陈列(图 2)。西方类似的机械打点钟最早出现在 1335 年意大利米兰的一个教堂的钟楼。

现在让我们从前述的三部分来看钟表的发展。能源和传动，诚然都和力学有关，而钟表所用的能源大多是水和重锤的势能。传动部分是齿轮、链条或滑轮。这两部分虽然后来还有很大的改进，但为提高精密度，它们的改进尚不起关键作用。

至于控制部分，应当提到的是在苏颂的水运仪象台上，已经有了卡子(擒纵器)的机构。这是一件了不起的发明。它使传动和时间的标准运动——漏壶的状态严格同步，每漏满一个水斗，在它的控制下具有 36 个格子的枢轮严格转动一格。据西方学者

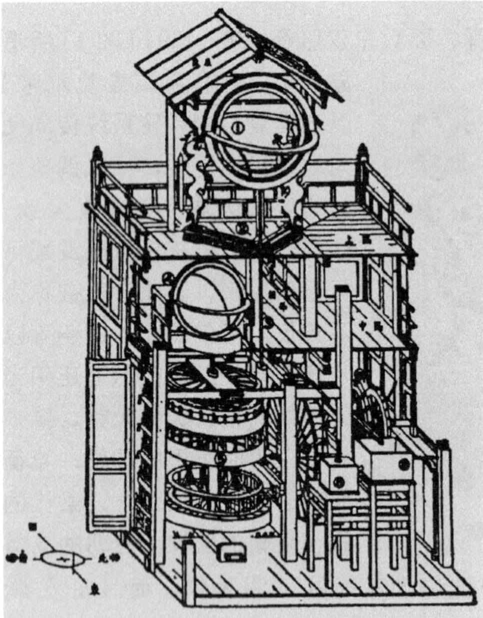

图 2 苏颂水运仪象台复原图

李约瑟的考证，公元 725 年唐代高僧一行就发明了它，这早于西方类似的发明至少 600 年。西方在 1335 年米兰教堂的钟楼，还没有卡子，它的速度是靠传动末级的摩擦力来控制的。西方钟表的卡子大约是 1396 年在法国发明的。

然而，以上的原始钟表的精度还是十分可怜的。其根本原因是，不管是漏壶还是西方传动末级的摩擦力都不容易精确调整，误差很大。于是为寻求标准等时运动的重任便历史性地落在力学家的身上。

伽利略(1564—1642)(图 3)是研究摆的运动的第一人。他在 17 岁时，作为比萨大学一年级的学生，对摆的振动发生了兴趣，经过反复实验得到了摆的小摆动周期与摆长成正比的结论，从而在理论上为钟表的核心装置——摆奠定了理论基础。这标志着一

图 3　伽利略像

个新时代的开始。伽利略又是精确研究动力学的第一人，他对自由落体也和对摆的研究一样，同样标志着人类对动力学研究的开始。

1641 年，伽利略建议利用摆的等时性制造钟。但是他未能完成，一年后便逝世了。他的这项遗志便由他的儿子文生桥来继承。而文生桥工作慢慢吞吞，8 年后于 1649 年才着手这项工作，不久也去世了。于是制造摆钟的任务便历史性地由荷兰学者惠更斯(1629—1695)担当了。

1657 年，年仅 27 岁由于发现土星光环而知名的年轻学者惠更斯完成了摆钟的设计(图 4)。同年，荷兰的钟表匠制成了首架摆钟。次年，惠更斯出版了他的专著《摆钟》。在这本书中，惠更斯不仅详细描述了摆钟的机构，更重要的是发表了一系列关于单摆与动力学的重要研究结果。例如，惠更斯系统地研究了圆周运动，引进了向心力和向心加速度的概念。他在理论上论证了单摆的等时性并给出了其周期 $T\approx\sqrt{r/g}$ 的公式，其中 r 为摆长，g 为重力加速度。随后，惠更斯又发现在大摆动时单摆的周期不再是常数，并给出了在大摆动时也有等周期的摆线理论。所以，我们可以毫不夸张地说，惠更斯在动力学研究上是伽利略的直接继承人。

摆钟的发明对钟表精度的改进是非常了不起的。在此之前，最好的钟一昼夜误差大约 15 min，而当时最好的摆钟可以调整到一昼夜误差不大于 10 s。至此我们才可以说，我们确实有了研究地球上物体运动的精确计时装置。

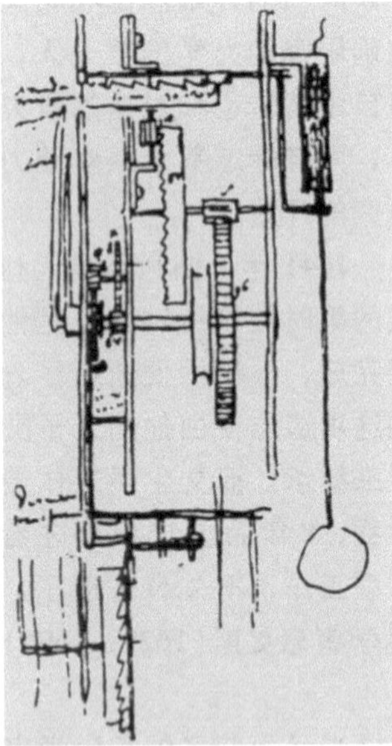

图4 惠更斯设计的摆钟

谈到钟表的改进，还应当提到一位力学家，即英国学者胡克(1635—1703)。他于1676年发表了对于弹簧的研究结果，后人称之为胡克定律，即弹簧的伸长与外力成正比关系。胡克对弹簧研究的开创性的工作，使人们对弹簧了解得越来越多。随之而来的是出现了两项改进：一项是弹簧发条贮能器的改进，另一项是弹簧(或游丝)摆轮的发明。1674年惠更斯制成基于弹簧摆轮的钟表。有了这两项改进，钟表可以造得更为轻巧，例如，可以在颠簸环境下工作的钟和可以随身携带的怀表以及手表的出现。

1707年，英国海军舰队发生了一次惨祸，有三只船失事，超过2 000人死亡。原因是舰队的位置出了差错。1714年英国国会悬赏2万英镑：谁要是能够找到在海中精确测定经度的方法，他就可以得到这笔奖金。条件是到达西印度的6个星期的航行后，误差不得大于30英里。实际上，当时天文观测仪器已经可以十分精确地测定天上星球的位置了。对于船舶所在的纬度可以直接由观测星球得到。对于所在地的经度，由于星球在天上随时间在均匀地运动，所以问题归结于能否制造一架精确的可以携带的钟。这种钟称为天文钟。

技高一筹的钟表匠哈里森(1693—1776)于1761年以他改进的钟从伦敦到牙买加的9星期的航海旅程中时钟仅差5 s，从而赢得了国会的悬赏。

18世纪时，欧洲钟表进入了市场，有了从教堂、航海、家庭摆设到个人佩戴等各式各样的钟表。之后钟表做得越来越精巧，可以戴在手腕上的手表也出现了。

迄今200多年间，钟表用于测量各种物理量。测量声速、光速、各种振动频率、周期、各种物体的运动以及体育运动。此外它还广泛地用于航海、航空。各门学科和各门技术的发展无不得益于钟表的帮助。

从另一角度讲，钟表的发展和改进可以说揭开了现代技术的序幕。由于对于它的需求，需要加工大量的钟表零配件，于是产生了现代车床和现代金属加工技术。另一方面，钟表发展又为欧洲的现代技术发展培训了人才。蒸汽机的发明者英国人瓦特(1736—1819)、纺织机的发明者英国人阿克赖特(1732—1792)、以蒸汽机为动力的轮船的发明者美国人富尔顿(1765—1848)等，他们青少年时代都曾经当过修表学徒或制作匠。

有一种流行的观点是很有道理的，即认为欧洲的近代科学技术的起源是古希腊的思辨传统与欧洲的手工业传统相结合的产物。前者是以达·芬奇、伽利略、惠更斯与牛顿的动力学发展为代表，而后者便是以钟表工业的发展所培养起的一代新技术人才。

至于中国，在钟表方面虽曾有过光辉的历史，有最早的水转浑天仪、水转仪象台，有最早发明的卡子，然而由于这些设备与装置始终限于皇宫之内，没有走向市场，所以在宋以后，经元明两代兵荒马乱便渐渐失传了。

旧时中国各行各业都供奉一个行业的开山祖师爷，如木工供鲁班、戏剧界供唐明皇、农民供神农氏等。而旧时上海的钟表铺里供奉的祖师爷，不是张衡，也不是苏颂，却是一位虬髯戟张的洋人。那便是1601年向明万历皇帝进贡两架自鸣钟的意大利传教士利玛窦(1552—1610)(图5)。中国的钟表在中断了自己的历史传统后，不得不从此重新引进。利玛窦带来的钟还不是惠更斯的摆钟。利玛窦来中国后，与徐光启合作首译欧几里得的《几何原本》。随后又在他的建议下罗马教皇派懂自然科学的传教士源源东来。所以他不仅给中国人带来了钟表，而且可以说实是西学东渐的祖师爷。在他之后，明清两代皇帝不断从西方引进钟表新产品。康熙皇帝有一首《戏题自鸣钟》诗:

昼夜循环胜刻漏，绸缪婉转报时全，阴晴不改衷肠性，万里遥来二百年(此器至中国二百年矣)。

图5　利玛窦像

这里康熙皇帝认为自鸣钟胜过刻漏，而且他说传来中国已经二百年了，与通常由利玛窦携来之说不同。康熙皇帝是很重视吸收西方的科学技术的，仿效西方也很快。中国最早自己生产钟表是康熙三十年(1691年)的事。那是距惠更斯发明摆钟之后仅30年左右。早期的钟表也大半只供宫廷使用。至今在故宫钟表展室中陈列的那些豪华与精巧的洋人贡品与内府打造的钟表，便是那时期中外钟表历史的见证。

如前所述，钟表的发展同力学具有十分密切的关系。中国人较早认识清楚这种关系的是清代经学大师阮元(1764—1849)。他在《自鸣钟说》一文中叙述了自鸣钟的构造并特别强调其原理与力学有关。他说:“西洋之制器也，其精者曰重学。重学者以重轻为学术，凡奇器皆出乎此。”“而作重学以为用也，曰轮、曰螺。是以自鸣钟之理则重学也，其用则轮也螺也。”阮元这里所说的重学即现今的力学。这段话的基本意思发展了1627年(明天启七年)西人邓玉函和华人王征合译的《远西奇器图说》中“能通此学(指重学)者，知机器之所以然”的思想。遗憾的是，对阮元等的看法，理解的人很少。力学在中国的传播仍然很慢，至 20 世纪 20 年代，随着近代教育的兴起，才开始力学知识的普及与传播。

摆钟在人类文明史上立下了汗马功劳，独领风骚 300 年。在自然科学与技术的各个领域无一没有它的贡献。然而从 20 世纪 50 年代开始，钟表的心脏——摆，不得不让位于更精密的时标——石英晶体振动或原子振荡。说到这里，也许有人会以为摆钟退位了，力学似乎也退出了钟的历史舞台。其实不然。晶体振动与原子钟中的原子轨迹计算问题涉及更为复杂更为精细的力学理论与计算。

如果说经过改进的摆钟，可以控制在每年误差在一秒以内，那么，美、德、加拿大等国以及随后于 1980 年我国研制成功的铯原子钟可以精确到 30 万年误差不超过一秒，最近美国制成的原子钟精度可以达到一亿年误差不到一秒。1952 年美国制成了第一块电子手表。20 世纪 60 年代开始，石英表投入市场。目前在民用钟表中，机械摆钟已逐步让位给新的电子表了。

不过电子表的原理和机械表实在是没有两样。机械表是靠摆轮振荡，而电子表是靠电子回路的振荡，原子钟是靠原子中电子的能级跃迁。它们在原理上是相通和可以类比的。熟悉机械表原理的人，再熟悉电子线路后，对于了解电子表乃至原子钟就非常简单了。

最早刊登于《力学与实践》，1998(2)：73-76.

11 Chapter

灰尘为什么会扬起来

“大风起兮云飞扬”，这是刘邦衣锦还乡时得意之作的名句，它说明了一种日常所见的自然现象。连云都会因风而飞扬，地上的灰尘就更会随风而起了。为什么风一吹尘土就会飞扬呢？要回答这个问题，得从物体在流体中运动时的阻力说起。

在 1851 年，英国的物理学家斯托克斯(G G Stokes，1819—1903)研究了物体在黏性流体中下落的阻力问题。设物体是一个小球，在流体是静止的条件下，他给出了一个公式来计算这个阻力，即

$$F=6\pi\eta r v_0 \tag{1}$$

式中 F 是阻力，η 是黏性系数，r 是小球的半径，v_0 是小球相对于流体的速度。这个表达式只是对于小球相对于流体的速度较小时是近似的，对于较大的速度就需要采用别的表达式了，好在灰尘粒相对于流体的速度总是不大的，所以我们的情形总是可以以它来近似的。

现在我们利用式(1)来讨论小球的下落，设小球的密度为 ρ，重力加速度为 g，则小球下落时所受的重力为

$$W=\frac{4}{3}\pi\rho g r^3 \tag{2}$$

我们知道，小球下落时作用在它上面的力最后应当达到平衡。这是因为若重力大于阻力时，小球的速度就会增加，反之若阻力大于重力时，小球的速度就会减小。所以最后小球总可以达到一个适当的不变速度 v_0。在黏性流体中下落小球的这个速度人们称为自由落体的极限速度。

现在我们假定小球已经达到了平衡，即处于下落时不变的极限速度状态，这时式(1)中的 F 应当和式(2)中的 W 相等，即

$$6\pi\eta r v_0=\frac{4}{3}\pi\rho g r^3$$

从这个式子我们可以得到

$$v_0=\frac{2}{9}\rho g\frac{r^2}{\eta} \tag{3}$$

如果考虑流体就是空气，它在 20 ℃时，黏性系数 $\eta=1.820\times10^{-5}(\mathrm{N\cdot s})/\mathrm{m}^2$，假设灰尘的密度是 $2.0\times1\ 000\ \mathrm{kg/m^3}$，重力加速度为 $9.8\ \mathrm{m/s^2}$。把这些常数代入式(3)，就会得到

$$v_0=2.4\times10^8 r^2\ \mathrm{m/s^3} \tag{4}$$

从这个式子可以看出，在我们的条件下，小球下落的极限速度是和半径的平方成正比的。现在我们对小球不同的半径来计算它的极限速度，得到下面的表：

小球半径/m	0.01	0.001	0.000 1	0.000 01	0.000 001	0.000 000 1
极限速度/(m/s)	24 000	240	2.4	0.024	0.000 24	0.000 002 4

从上表我们看到，当小球的颗粒较大时，例如直径为 0.01 m 和 0.001 m，即 1 cm 和 0.1 cm 时，极限速度分别为每秒 2.4 万米和 240 米，这样高的速度在日常是见不到的。不过，我们前面

声明过，我们的黏性公式只适用于比较小的速度，对于这样大的速度，公式早就不适用了。实际的黏性阻力在高速度时会大得多，那时，阻力不是和速度成比例，而是和速度的平方成比例，因而极限速度也就比上表给出的要小得多。不过它还是说明对粒径大的沙粒下落时，在速度远小于极限速度的情形，它受的阻力很小，其所受的力基本上是重力，所以它在下落时基本上是按照在重力作用下等加速度下落的。

当小球的半径缩小为 0.1 mm 时，这大约就是通常小沙粒的大小，小球下落的极限速度为 2.4 m/s。通常的尘埃半径总是小于 0.1 mm，小的尘埃，半径可到 0.000 000 01 mm（百万分之一毫米）或更小。在上表的最右边一列，小球半径为 0.000 000 1 mm，这时它的极限速度是 0.000 002 4 m/s（每秒 2.4 毫米的万分之一）。假设有一粒这样大小的尘埃在距地面 2 m 高的地方，通过计算我们知道，在空气绝对静止的条件下，靠尘埃自然降落，即使一个星期也达不到地面。对于更小半径的尘埃，即使一年也达不到地面！注意到在我们的计算中，沙粒的密度取的是 2，这个密度是接近石头或泥土的密度，对于密度较小的沙粒，例如花粉粒、木屑等，由于所受的重力要小得多，降落的速度还要慢得多。可见空气中，即使是没有风，也总是有细小的尘埃漂浮着。1815 年在坦博拉的一次火山爆发造成的火山灰弥漫在当地上空，由于灰尘反射形成的落日奇景达 3 年之久。2001 年 9 月 11 日，纽约的世贸大厦双楼被恐怖分子劫机撞毁后，过了半个月，在纽约的上空还弥漫着灰尘，这说明我们的上述分析是大致正确的。可见最好不让灰尘扬起来，否则是很难落下来的。

现在我们把上面讨论的结果引申一步，来讨论灰尘是怎样被扬起来的。上面说的条件是流体绝对静止，我们现在要考虑当流体处于流动状态时的情形。这时，上面所计算得到的极限速度，就是小球相对于流体的极限速度。进而，小球相对于流体的速度只能小于或等于极限速度，而不能超过极限速度，即使给定小球一个大于极限速度的初速度，在阻力作用下小球的速度将迅速减小为极限速度。

如果流体的流动是水平的，当小球与流体的相对速度不是零时，小球就要受到与相对速度相反的阻力，这时小球就要产生沿流体流动方向的加速度，直到小球的水平速度和流体的水平速度一样了，小球所受的水平阻力才变为零。所以只要流体有水平的流动，小球就会随流体的水平流动而运动，这就是随风飘。

如果流体流动具有上升的速度 v，小球的下降极限速度为 v_0，则当 $v>v_0$ 时，小球将以 $v-v_0$ 的速度上升。对于细小的尘埃，v_0 是很小的，空气的任何轻微流动上升气流的速度分量都可以超过它的极限速度。

以上的讨论，还是限于尘埃已经处于空气中，如何随风飘荡的问题。对于一粒落在地面上的尘埃如何飘起来事情略为复杂一些。落在地面上的尘埃，在有风贴着地面刮过时，这粒尘埃的上下左右所受的空气压强是不一样的。流体力学中的伯努利定律告诉我们，沿着流线，流体速度大时压强小。由于一般说来在风贴着地面刮过时，尘埃粒的上面风速要大，所以总起来，尘埃受有一个向上的力。一旦这个力超过尘埃的重力，和地面对尘埃的吸附力，尘埃便被吹到空气中了。

从以上的讨论我们就能够理解为什么风一刮，总是有一批细小的尘埃随风起舞，飞扬起来。风小，飞起的尘埃颗粒就小，因为颗粒小的尘埃极限速度小；风大，有时会达到 40 m/s，这时除了小尘埃飞起外，还有一批颗粒大的尘埃飞起，因为大颗粒的尘埃极限速度要大。一次“沙尘暴”会有成千吨的沙尘被吹到天上。对于细小的灰尘，即使是完全没有风，由于空气随便一点微小的扰动，例如人在屋里走动所带动的空气扰动，也会使它飞扬起来。杜甫的诗《兵车行》中“车辚辚，马萧萧，行人弓箭各在腰，爷娘妻子走相送，尘埃不见咸阳桥”说的就是行人和车马所带起的尘埃。所以灰尘，特别是细小的灰尘，在日常生活中几乎是无法避免的。

灰尘在日常生活中是很讨厌的东西。不仅由大风吹起的“沙尘暴”使天气天昏地暗、到处是灰尘，所谓“朔风怒号，黄尘万丈”。工厂的烟囱冒出的烟、汽车的尾气都有大量的灰尘。车辆行经的道路也会带起大量的灰尘。灰尘多了影响空气的能见度，还影响人们的健康。人类的许多疾病，特别是呼吸系统的疾病，大多是由于灰尘引起的。有的灰尘可以诱发过敏，还有的灰尘可以诱发癌症。灰尘无处不钻无处不有。人们平常打扫卫生大部分劳动都是在和灰尘斗争。在现代高技术制造计算机芯片的车间里，如果灰尘落在芯片上会严重影响芯片的性能，形成废品。所以芯片生产尤其要求避免灰尘，车间里每立方米的空气中，一微米以下的尘埃不得多于三千个。符合这种条件的生产车间称为无尘车间。在无尘车间里，工作人员要求穿特制的衣服，这种衣服上不能落下尘粒，也不能有从皮肤上脱落的细胞进入空气，工作人员必须带有头罩，以便把他们呼出的空气直接进行过滤。

一微米是 10^{-6} m，这样细小的尘粒要除去是非常困难的。因为细小的灰尘下落得非常慢，所以为了除尘，不能等待灰尘自己落下。而必须用空气泵把空气输送去过滤，然后把干净的空气送进来。

为了除去空气中的灰尘，人们想尽各种办法，发明了各种各样的适合各种不同条件的除尘器。人们利用各种原理来除尘：水洗除尘、静电除尘、离心除尘等不一而足。不过还是不能满足人们的要求。高效率、低能耗的除尘器，仍然是现今技术改革的重点之一。

其实，各种除尘器并不能从根本上解决问题，从根本上说，还是得从改善生态环境入手。所谓“大风起，尘飞扬”是对裸露的土地、沙漠或布满尘埃的道路来说的。环境的树木和绿色覆盖多了，裸露的土地少了，即使有风吹来，也不会有多少尘粒飞扬。还有，树木和绿色覆盖多了，贴近地面的风速就会大大降低，风速小了，沙粒就不容易扬起。据研究当植被覆盖率达到70%时，近地表风速能降低 62.8%，输沙量就能减少 25% 以上。进而，树木多了，绿色覆盖多了，气候也会改变，下雨就会多起来。下雨是最好的大自然除尘的办法。唐诗中有“雨霁长空荡涤清，远山初出未知名”的句子，就是说的雨后空气中的灰尘少了，能见度高了，原来没有看见过的山峰也突然能够看见了的情景。

前面我们说到的是灰尘在空气中飘浮的问题，这个问题同泥沙在水中悬浮的机理是一样的。沙粒悬浮在水中，所受的力有三个，即运动时水的阻力、沙粒的自重和水对沙粒的浮力。在讨论空气中的灰尘时，我们略去了空气对沙粒的浮力，是因为空气的密度比起沙粒来非常小，可以忽略不计。水的密度和沙粒的密度相比就不可以略去了。在讨论水中的悬浮沙粒时阻力的式(1)和沙粒所受重力的式(2)还是适用的。所不同的是在后面讨论这些力的平衡时，在重力中应当扣去浮力，这相当于在式(2)中把 ρ 换为 $\rho-1$，即在沙粒的密度中减去水的密度。

由于水的黏性系数比空气的黏性系数大得多，在 20 ℃时，水的黏性系数为

$$\eta=1.002\times10^{-3}(\mathrm{N\cdot s})/\mathrm{m}^2 \tag{5}$$

它比空气的黏性系数要大约 56 倍。而沙粒在水中所受的向下的力又要扣去水的浮力，所以在水中的沙粒的临界速度大约比在空气中小 100 倍。因此沙粒在水中更易于悬浮而不易于下沉。我们通常注意到的水中的沙粒比起空气中的尘埃粒度要大得多，就是这个道理。据实际估算，黄河平均每年要携带泥沙量为 16 亿吨。黄河水的最高含沙量为 666 $\mathrm{kg/m^3}$，这简直就是泥浆。如此大的输沙量就会造成黄河流域严重的水土流失。这种流失不仅会导致土壤的肥力下降，而且还会造成大片无植物被覆的裸露土地。在冬、春季雨水较少而西北风强劲时，裸露土地上的沙粒就会随风飞扬，这就又会造成更强的沙尘暴。如此循环不已，就会加剧沙

漠化的进程。

如何减少河流的含沙量呢？我们知道，雨水下到地面后，分作两部分，一部分渗入地下，称为潜流，我们的井水就是潜流水；另一部分在地表流动称为径流。在雨量相同的条件下，一般来说，径流分配的比例越小越好。河流是由径流形成的。河流里的泥沙是径流经过地表面时夹带的沙粒。如果径流所经过的地面都被植物覆盖着，径流就不会有泥沙可带，而且植物覆盖的地面还可以使较多的水渗入地下变为潜流，使较多的水在地底下蓄积起来而减少径流。

所以无论是从防止沙尘暴还是从减少河流的输沙量来说，我们都需要植树种草，尽量做到没有裸露的土地。植树种草是保护环境的根本大事。

刊登于《力学与实践》，2002，24(3)：77-79.

12 Chapter 人类是怎样学会量血压的?

当今，量血压已经是很普通而又简单的一件事。不过人类真正学会量血压，还是经过了漫长的历史的。其中特别应当提及的是有几位力学家的工作。本文就是简要回顾一下测量血压技术的发展历史。

1. 血液循环的发现

西方大约在公元 2、3 世纪左右，有一个叫盖仑(Claurissimus GaLen，约 130—200)的，他用实验证明，动脉里含有血液。他认为人体内有三种"精气"，即"自然精气"、"生命精气"和"动物精气"。食物经过消化，变成"乳糜"，经门静脉输入肝脏，形成血液，并加入在那里产生的"自然精气"，再由静脉将充满"自然精气"和营养物质的血液送到身体各部；心脏产生的"生命精气"加入动脉血中，并由动脉通至全身；有一部分动脉血送向脑，脑产生的"动物精气"由神经传送到全身，他也认为神经是中空的。这些"精气"送至全身被组织利用，剩下的"废气"由呼气排出体外。他认为动脉、静脉并不互相沟通；左右心室间隔上存在着许多纤细的、肉眼看不见的“小孔”，血液可以通道这些“小孔”不断地从右心房“渗”向左心室。

他的这种理论为教会认可，并加以神化。这种学说统治了西方医学近 1 500 年。为了追求科学，有人为此付出了生命的代价！

到了大约 1536 年，西班牙人塞尔维特(Michael Servetus)，到巴黎学习，在学习和研究解剖学时，得出结论，认为盖仑假设的所谓心间膈上的小孔实际上并不存在。他比较清楚地论述关于血液在心肺之间流动的见解：血液是从右心室流到左心室去的，但不是通过心间隔实现的；血液从右心室流出后，靠一种奇妙的机制，在肺内走了一段长长的行程。血液在肺内受到“通风”，颜色变成鲜红，从动脉样静脉（即肺动脉）流入静脉样动脉(即肺静脉)内，与吸入的气体混合，通过呼气，排出其中的废气，在左心室舒张之时被吸进左心室。这种血液流动的过程称小循环。从根本上否定了盖仑假定心间隔上的“小孔”或“通道”的存在。

在盖仑的著作中，曾提到过动、静脉间的“吻合”；但他并无任何血液循环的概念。塞尔维特大胆提出：“‘生命精’通过吻合而从动脉流向静脉。”说明他已认识到动、静脉是连通的，血液从动脉到静脉单向流动，这已经非常接近对体循环的认识。

1553 年他匿名发表《基督教之重建》，1553 年 8 月 14 日被当地执法官拘捕收审。罪名是亵渎神灵和鼓吹异端邪说，1553 年 10 月 27 日塞尔维特被判处用火刑，在日内瓦郊外被烧死。

1598 年，出生于英国的威廉·哈维(William Harvey，1578—1657)(图 1)来到了当时世界上最著名的医学院意大利的帕多瓦。他的老师静脉瓣发现者法布里修对哈维有很深的影响。

到 1616 年 4 月，哈维至少解剖了 80 种动物，基本发现了血液循环的规律。以后又解剖了 40 余种，共 120 余种。如此多种动物的血液循环，都是同一个模式，他对自己的观察坚信不疑。

12 年后，终于发表了历史性的巨著《心血运动论》(*On the Movement of Heart and Blood in Animals*)，它对血液循环提出了全新的看法。

哈维的观察证实了心脏各部分不是同时收缩的，心房收缩在前、心室收缩在后；心房和心室进行有顺序、有节律性的舒缩活动。他在近心脏处将腔静脉结扎，结扎部位和心脏之间的那段腔静脉和心脏立即变得空虚；在近心脏处结扎主动脉，结扎部位与心脏之间的那段主动脉和心脏立即变得极度胀满，几至于被胀破。解除对腔静脉或主动脉的结扎后，心脏的大小、色泽和搏动情况都逐渐恢复原状。这些实验有力地证明：血液是由静脉流回到心脏，再由心脏射向主动脉的。根据这些实验结果和对心脏各部活动顺序的观察结果，可以确定血液流动的途径是：由腔静脉流回心脏，由心房流向心室，再由心室收缩将血液射入主动脉。

图 1　哈维像

哈维之所以迟疑了 12 年之久才出版《心血运动论》，是因为他知道塞尔维特受火刑的教训。他的这部著作招来许多反对和攻击，有的大学还作出决议，禁止讲授哈维的学说。直到许多年后，哈维的学说才被普遍接受。

哈维提出的血液循环理论，对于四肢及身体末梢部分的血液是可以从动脉直接流入静脉，还是间接由肌肉小孔渗透，只是一种猜测并未获得实验证实。17 世纪下半叶，由于发明了显微镜，学者们纷纷利用显微镜进行观察，相继揭示了物质世界及人体的秘密，借助显微镜观察到毛细血管。

首先观察到毛细血管的是意大利医生马尔比基(Marcello Malpighi, 1628—1694)，通过显微镜，在蛙的肠系膜与膀胱壁上发现毛细血管，证实了血液确实是由动脉毛细血管流入静脉毛细血管的。当时，他在肺泡周围也发现了细密的毛细血管，表明肺脏的小循环也是通过毛细血管使肺动脉与肺静脉相通的。随后，荷兰的显微镜制造者列文胡克通过显微镜在鸡冠、兔耳、蝙蝠的翼膜及鳝鱼的尾巴等处均发现了毛细血管，他的发现补充了马尔比基的观察，证实了哈维的血液循环学说。列文胡克还进一步指出，动、静脉的毛细血管在构造上并无特殊区别，凡运送血液至肢体末梢的血管为动脉毛细血管；凡从各处将血液输回心脏的血管为静脉毛细血管。

至此，自哈维提出血液循环理论后，医学上终于也从实验观察上证实了人体血液循环的科学结论。

2. 血液的流动与血压

哈维的工作奠定了血液循环流动的运动学基础，哈维说心脏的功能像一个泵。但是心脏这个泵怎样工作，以及血液怎样在血管里流动，还需要进一步的研究。

图2　丹尼尔·伯努利像

首先应当提到的是力学家、生理学家丹尼尔·伯努利(Daniel Bernoulli, 1700—1782)(图2)的工作。丹尼尔·伯努利1700年2月8日生于荷兰格罗宁根。以出数学家著称于世的伯努利家族中他是杰出的一位。他的伯父雅科布·伯努利是牛顿和来布尼兹同时代人，是一位名声显赫的数学家。他是数学家约翰·伯努利的次子。和父辈一样，他违背家长要他经商的愿望，坚持学医，他曾在海得尔贝格、斯脱思堡和巴塞尔等大学学习哲学、伦理学、医学。1721 年取得医学硕士学位。丹尼尔·伯努利在 25 岁时(1725 年)就应聘为圣彼得堡科学院的数学院士。8 年后回到瑞士的巴塞尔，先任解剖学教授，后任动力学教授，1750 年成为物理学教授。他除了在流体力学方面的重要工作以外，在微分方程、概率论、电学、气体的分子论等方向上都有重要的建树，此外他涉猎很广，在植物学、解剖学、生理学等方面都进行过研究。

伯努利定律最早是丹尼尔·伯努利提出的。他在 1734 年完稿，1738 年出版了专著《流体动力学》。在这本书中他讨论了当时认识到的许多与流体力学有关的现象。特别是介绍了他发现的，后人称之为伯努利定律，即：沿着一根流线，我们设流体质点的速度为 v，密度为 ρ，这点的压强为 p，它们之间有关系

$$\frac{1}{2}\rho v^2+p=\text{常数}$$

这个定律奠定了运动流体中局部压强与速度的关系。是流体力学中的基本定律。

丹尼尔·伯努利研究流体的管道流动最初是从研究血液的流速和血压的关系开始的。哈维关于血液循环的巨著《心血运动论》发表后，丹尼尔·伯努利既然在学校里学了医，他深深被哈维的发现所吸引。他认为血液在血管中流动，就有流动速度，心脏既然是一个血泵，就一定有压力。于是血管内的血液流速和压强也应当存在一定的关系。于是他设计了一种测量血压的方法，图 3 是伯努利著作中的一幅插图，图示把一根很细的玻璃管 CR 插入病人的动脉中，并且使它保持垂直。管上读出血液的高度 CT 的压强就相当于该处的血压。同样，当血压为负压时，用铅直向下插入动脉血管的玻璃管 cr 也可以得到血压值，血液高度 ct 对应的压强，也就是血压的负压值。伯努利当时和欧拉都在研究用这种方法测量病人的血压。伯努利的工

大众力学丛书

作从原理上说明了测量血压的方法。不过进一步发展到实际应用，还需要走很长的路。

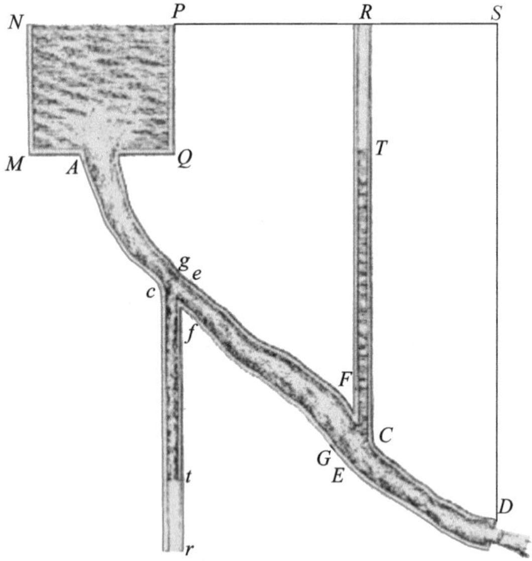

图 3　伯努利用来测量血压的示意图

应当指出，伯努利所用的测量血压的方法，虽然是准确的，不过它要给病人带来痛苦，每次测量血压都要刺破血管。尽管这样，这种测量血压的方法，在伯努利之后还是应用了达 170 年之久。一直到 1896 年，意大利的医生茹齐（Riva Rocci, 1863—1937）发明了应用到现在的血压计，伯努利的测量血压的方法才被淘汰。丹尼尔·伯努利流体动力学定律就是把上述测量血压的方法继续发展得到的一个普遍规律。

就在伯努利从理论上研究并解决了测量血压的原理的同时，有一位在英格兰特丁顿（Teddington）乡下教会担任牧师的叫埃利斯（Stephen Hales, 1677—1761）（图 4）的科学上的奇人，由于他最早研究植物吸收水分和蒸散作用著有《植物静力学》（*Vegetable Statics*）一书被后人誉为植物生理学之父。也正好是在伯努利《流

图 4 埃利斯像

体动力学》完稿的前一年，埃利斯在 1733 出版了一本书，书名为《血流静力学》(*Haemastaticks*)，书中介绍了他进行的世界上最早实际测量动物血压的活动。图 5 是一幅后人想象当时埃利斯测量马的血压的插图。

埃利斯称他将一匹牡马捆倒在一扇栅栏门上，并且在它的颈动脉上插进一根铜管，铜管与一根长约 12 英尺 6 英寸(3.8 m)的玻璃管相

图 5 发表在 1944 年《医学时代》上的一幅插图

连。这时，马的血升高为 9 英尺 6 英寸(2.9 m)。埃利斯量血压的实验，从 1706 年开始一直到 1713 年，进行了许多次不同动物的实验。

3. 水银血压计的发明

伯努利从原理上进行的测血压的探讨和埃利斯所进行的动物血压测量，虽然从原理上是可行的，但在实践上却是很难实现的。只说那根玻璃管就要接近 4 m 的长度，在室内很难实现，对测量人的血压，也许根本就不可能。

对于血压计的最早的改进是引进水银血压计。时间大约过了 100 年。1828 年，法国医生泊萧叶(Jean Leonard Marie Poiseuille,1797—1869)(图 6)建议用装了水银的 U 形玻璃管，来代替那根很长的玻璃管。由于水银的密度大约是 13.6 g/cm^3，所以只要以水银柱的毫米长度来度量血压，整个盛水银的玻璃管的长度也不过30 cm 多就够了。为此他获得 1828 年皇家医学科学院的金质奖章。泊萧叶从研究血液的流动入手，由于血液是带有黏性的，所以他转而把血液当作黏性流体在细管中的流动来研究(图 7)。泊萧叶从 1838 年开始进行管流实验，1840 年总结出管流中的流动规律。他的结论是：黏性流体在细管中流动，其速度分布为在管中心最大在管边界为零，速度是半径的二次函数。这项成果表述在《流体通过细管运动的实验研究》(*Recherches Experimentales sur le Mouvement des Liqnides Dans les Tubes de Tres Petits Diametres*)论文中，1841 年发表在 Compte-rendus hebdomadaires des Seances de l'Academie des Sciences 上。后人称之为哈根-泊萧叶(Hagen-Poiseuille)流。也是黏性流体

图 6　泊萧叶像

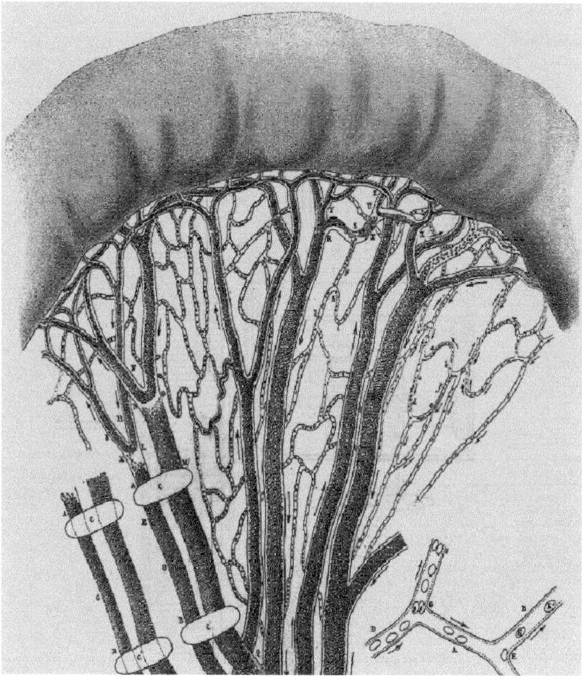

图 7　泊肃叶研究肠道血流的一张插图

纳维-斯托克斯方程管流问题的一个精确解。

由于泊肃叶与伯努利的以上两本书既是力学的重要著作，也涉及血液循环，所以这两本书也是生理学的经典著作。

泊肃叶在论文中还描述了仔细进行动物肠道附近小血管血液流动的实验，他发现血流量与动脉的血压有关，而与静脉的血压无关。

基于泊肃叶的建议，德国生理学家路德维格(Karl Friedrich Wilhelm Ludwig)在 1847 年设计制成了血压记录仪(图 8)。图中弯管 *abc* 是盛水银的玻璃管通过 *d* 与血管相连，*ef* 是浮在水银表面上的细杆，笔 *g* 可以在旋转的 *AA* 圆筒上记录下血压的变化。

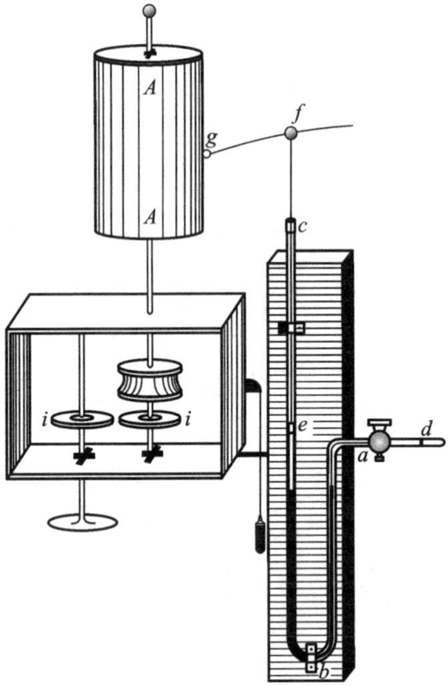

图 8　路德维格的血压记录仪

4. 现代的血压计

泊萧叶的血压计，虽然几经改进，但仍要用针管刺穿人的血管，在临床上很不方便。后来虽然有人提出用对动脉加压的办法来测量，但又很难测得准确。所以方便而又准确的测量血压的办法一直是人们努力研究的课题。

直到 1896 年，一位名叫茹齐(Riva. Rocci,1863—1937)(图 9)的医生在杂志上连续分两次发表了同一题目的文章，介绍了一种新的方便的血压计。这就是一直使用至今的靠打气来压迫血管的水银血压计(图 10)。

茹齐发明的这种血压计的确是很方便的，起先只要找一段自

图 9　茹齐像

行车内胎和一个打气的橡胶球把它们用橡胶管和贮存水银的玻璃管相连就可以了。使用时，把瘪的橡胶胎绕在胳膊上，再向橡胶胎内打气。同时用手触摸被测人的肱动脉，当动脉的脉搏消失

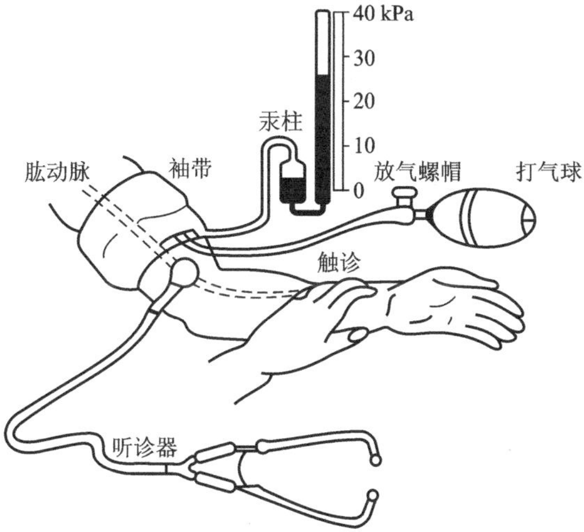

图 10　当今一直在使用的血压计

时，水银柱的高度就是被测人的收缩压。

茹齐的办法很快就在全世界普遍使用。后来有一个叫柯拉特考夫(Nikolai Sergeyevich Ko-rotkoff, 1874—1920)(图 11)的俄罗斯军医，他在量血压时，不是用手触摸肱动脉，而是用听诊器去听。在 1905 年他宣布，在橡胶胎打气到完全听不到脉搏声音时，开始放气，当橡胶胎内的气压小到一定时开始听到脉搏声，这时的压力称为收缩压，再继续放气，当脉搏声重又听不到时，这时的压力称为舒张压。人们把这种听诊器听到的脉搏声称为柯氏音。于是利用听诊器，不仅可以测到收缩压，还可以测到舒张压。目前这两个血压在临床上都有重要意义。一般认为，收缩压超过 140 mm 或舒张压超过 90 mm 水银柱高的血压就称为是得了高血压病，就要想办法治疗。

图 11　柯拉特考夫像

到了 20 世纪后半叶，随着电子技术的发展，许多形形色色的自动记录或袖珍式的血压计相继出现，但它们的原理还是基于茹齐的血压计和对柯氏音检测。应当说，现在的血压量测技术已经基本上能够满足临床诊治的要求了。

5. 结束语

一个小小的血压计，经历了上百年的研究和改进。其中基础研究又是起着决定性的作用。伯努利的研究和泊萧叶关于黏性流体运动规律的研究为认识血液流动和血压的关系奠定了理论基础。

不过事情也还没有完结。随着血压测量的方便，又提出一些基础性的研究课题。柯氏音的发音机理是什么，到现在也没有统一的看法。有的说是由于血流中产生了湍流发声，有的说是血流中出现了空穴发声，还有的说是由于压强变化引起血管壁的振动发声，总之还有待更深入的研究。只有对柯氏音的机理研究清楚了，对舒张压的生理作用才会有更深刻的认识。

参考文献

[1] Jeremy Booth. A short history of blood pressure measurement [M]. Proc. roy. Soc. Med. Volume 70 November 1977.

[2] 威廉·哈维. 心血运动论[M]. 田洺，译. 武汉：武汉出版社，1992.

[3] 吴阶平. 中国大百科全书：现代医学[M]. 北京：中国大百科全书出版社，1992.

[4] 谢德秋. 医学五千年（外国医学史部分）[M]. 北京：原子能出版社，1992.

[5] Daniel Bernoulli. Hydrodynamica(《流体动力学》)[M]. 1734年完稿，1738年出版.

[6] Jean Leonard Marie Poiseuille. Recherches experimentales sur le mouvement des liqnides dans les tubes de tres petits diametres(《流体通过细管运动的实验研究》)，1841年发表在 Compte-rendus hebdomadaires des Seances de l'Academie des Sciences.

被中香炉与万向支架

13
Chapter

被中香炉是中国古代用于点燃香料熏被褥的球形小炉。它的球形外壳和位于中心的半球形炉体之间有两层同心圆环(也有三层的)。炉体在径向两端各有短轴，支承在内环的两个径向孔内，能自由转动。用同样方式，内环支承在外环上，外环支承在球形外壳的内壁上。炉体、内环、外环和外壳内壁的支承轴线依次互相垂直(图1)。炉体由于重力作用，不论球壳如何滚转，炉体总是保持水平状态，不会把点燃的香灰洒在被褥上。

图1　被中香炉

被中香炉的记载，最早见于《西京杂记》。它是晋代葛洪(281—341)托东汉刘歆(前 53—23)之名撰写的一部笔记小说。其中有一段记载说："长安巧工丁缓者，……又作卧褥香炉，一名被中香炉，本出房风，其法後绝，至缓始更为之。为机环转运四周，而炉体常平，可置之被褥，故以为名。"这里提到的能工巧匠丁缓，他书未见。从这段记载中，可见被中香炉早就有之，只是失传后由他重新制作出现。

在汉代文人司马相如(前 179—前 117 年)的《美人赋》中，有"金鉔熏香，黼帐低垂"的句子，据宋代学者章樵注解，"鉔音匝，香球，衽席间可旋转者"，可见被中香炉在公元前 2 世纪的西汉就已经有了。

到唐宋以后的文人著作中，提到被中香炉的，就相当多了。例如唐代词人温庭筠，在一首《更漏子》词中有："垂翠幙，结同心，待郎熏绣衾。"牛峤的《浣溪沙》中有："枕障熏炉隔绣帏。"他在《菩萨蛮》中又写道："熏炉蒙翠被，绣帐鸳鸯睡。"而韦庄的《天仙子》中说到："绣衾香冷懒重熏。"

明代田艺蘅在《留青日札》卷二十二中述："今镀金香球，如浑天仪然，其中三层关棙，轻重适均，圆转不已，置之被中，而火不复无，其外花卉玲珑，而篆烟四出。"

从晋代《西京杂记》和明代《留青日记》的描写，以及考古得到的实物，我们知道，被中香炉的构造关键在于它的外层无论怎样旋转，内层的炉子"常平"。于是，在外壳沿三个方向旋转时，内层炉子由于自重能够保持在空间位相不变，所以一般来说，内层与外层之间有三个自由度。其实对于熏被褥来说，外层在被褥之间，随便怎样转动，只要求内层炉子保持水平，而炉身绕铅锤线转动并不影响使用，所以有的炉子只有两层环。即，作为被中香炉来说，内层与外层之间有两个自由度也就够用了。这就是，为什么被中香炉的实物，有两层的也有三层的道理。

把一个物体固定在基座上，无论基座怎样旋转，要求物体的方向不会变动。这就是被中香炉最本质的功能。这种机构随着科学技术的发展有很多重要的应用。这种支架称为万向支架，也称常平支架。

西方最早提到常平支架的，是意大利学者卡丹(Girolamo Cardano,1501—1576)。他是一位医生、物理学家、数学家，并且在哲学、音乐和机械方面也有重要的工作。他在机械方面最出名的工作，就是最早给出了万向支架的设计。所以西方人把常平支架叫做卡丹悬吊(Cardan's Suspension)或者成为卡丹环。

在万向支架的应用方面，最早的工作是1629年在罗马以拉丁文出版的一本《机械》(Le Machine)的著作，作者焦瓦尼(Branca Giovanni)是一位卓越的意大利工程师。在这本书里，他提出了利用蒸汽推动叶片的蒸汽涡轮机的设计。这种构思继续发展，就产生后来实现的汽轮机和涡轮机。也是在这本书里，他提出利用万向支架来减轻车辆在颠簸不平的道路上的震动，以便运送病人。图2就是该书的一幅插图。

图2　利用万向支架减震的设想

真正把万向支架用在现代科学研究上，并且做出重要发现的是法国人傅科(Jean-Bertrand-Léon Foucault,1819—1868)(图3)。

他在1851年提出利用高速旋转的陀螺来显示地球的自转。高速旋转的陀螺有保持旋转轴不变的性质。如果把陀螺放置在万向支架上，支座在地球上，地球旋转而陀螺的轴不旋转(图4)。经过不多的时间，陀螺相对于支架的变动就明显地说明地球的自转。傅科利用他前一年发明的傅科摆和这种陀螺仪雄辩地证明了地球的自转。所以傅科又称它为“转动指示器”。从此万向支架又有一个新的名字：陀螺支架。傅科一生身体不好，他主要靠在家自学和自己做研究。他还进行过光速的测量。他去世后其论文由他的母亲出资出版。

图3　傅科像

陀螺仪来到世界上，逐渐显示了它的广泛的应用。

在19世纪中叶，以蒸汽机驱动的轮船发明了，同时钢铁也大量作为造船材料。以前在航行中指示方向主要靠磁性罗盘，但是磁性罗盘在钢铁边上，指南性就不可靠了。这就要求人们寻求新的导航手段。陀螺仪的定向性正好可以代替罗盘的功能。

图4　傅科的陀螺仪

1908年，德国人安休茨

(Hernann Anchütz)制成了第一架可以用于航行的陀螺仪，随后德国的海军在最早的潜水艇上和装甲军舰上装上了这种仪器。

大约在1907年，美国人斯派瑞(Elmer Ambrose Sperry，1860—1930)在一艘船上装上了陀螺仪，并且于1911年申报了专利。后来他于1921年生产了依靠陀螺仪的自动掌握轮船行驶方向的控制装置，随后，又利用陀螺的定向性制成了减轻船舶颠簸的稳定器。

在第一次世界大战期间，德国与美国先后把陀螺仪用在飞机上作为飞机倾斜与转弯的指示。到了1929年9月，美国人多里特(J. H. Dolit)应用无线电、陀螺水平仪、航向陀螺仪来控制飞行。在1931年美国人鲍格斯(M. S. Boggs)完成飞机盲目着陆，使在夜间与有云雾的天气下航行与降落成为可能。第二次世界大战期间，德国人把陀螺仪安装到V-2导弹上来控制导弹的飞行。

近年来陀螺仪的应用越来越广，除了用于航海、航空、航天、潜水艇与火箭导航外，还大量用于坦克与火炮的稳定、攻击鱼雷与导弹的定向、车辆特别是单轨车辆的稳定、工作平台与测量仪器的稳定等方面。也用于摄像平台的稳定，以保证摄得影像的质量。

现在我们回过头来，再看一看万向支架最主要的功能。就是要在基座做任何角度的变化时，所支持的对象(薰香炉或陀螺)可以保持不变。也就是说，基座和对象之间应当有三个自由度的运动余地。

现在我们如果把我们的身体看做基座，把手掌看做对象。我们的上肢就有这种功能。设想你如果坐在一把缓慢摇动的椅子上，你手里端着一碗水，无论椅子摇到什么角度，你端的水要求“常平”。由于我们有腕关节、肘关节和肩关节三个关节的活动自由度，所以我们总是能够做到使这碗水“常平”的。因此我们的上肢实际上就是一个理想的“常平支架”。

我们知道，运动是相对的。前面我们的被中香炉和陀螺仪支架是要求基座运动而被支持的对象不动。现在从另外的角度来看，要求基座不动而被支持的对象能够做各种姿态的运动。我们的上肢也正好符合这种要求，设想你的身体不动，要求你的手掌去朝向空间的任何方向，也是一点困难没有的。这就是说，我们的上肢这个支架可以使我们的手的方向“万变”。说明我们的上肢正好又是一个理想的“万向支架”，如图 5 所示。

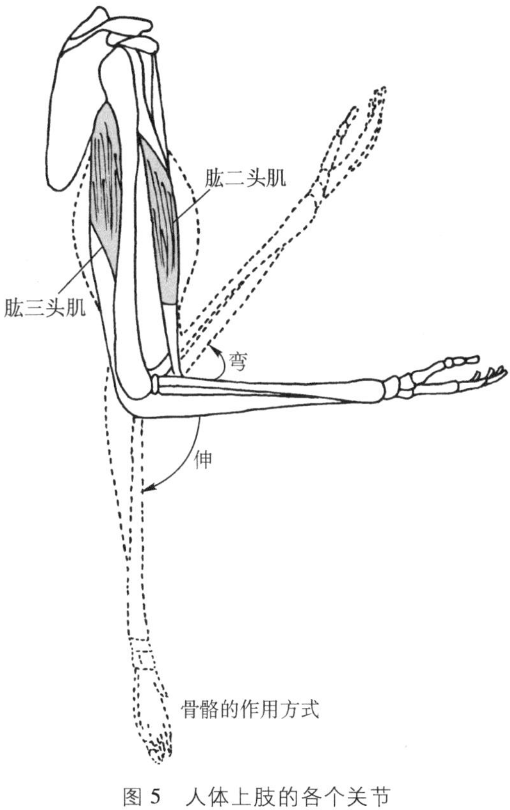

图 5　人体上肢的各个关节

根据以上的讨论，其实说“常平”也好，说“万向”也好。只要有足够的自由度，支架不必一定要做成环形的。图 6 所示就

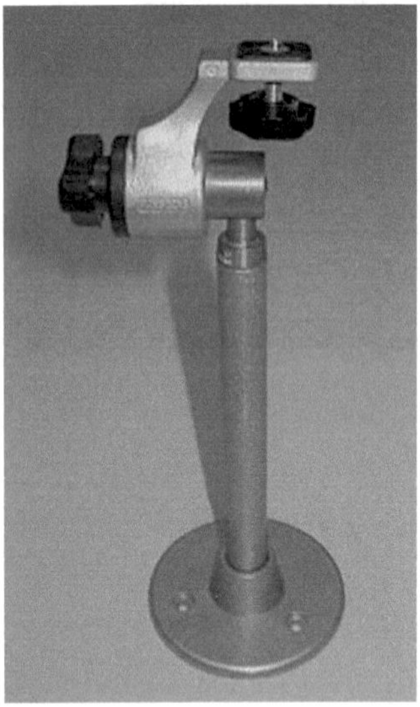
图6　照相机用的一种万向支架

是一个固定照相机的万向支架。只要适当调整几个旋转轴的角度，照相机的镜头可以指向任何方向。

被中香炉，两千多年以前中国的发明，在今天被派上了许多用场。随着机器人和自动控制等科学和技术领域的研究和发展，将来还会有更多的用场。不过想到这段漫长的岁月中，我们虽然发明得很早，从汉代，一直到清代，却一直是用在熏被窝上。西方人虽然直到16世纪才发明，比我们落后了1 600年。但后来的许多使用的新花样却是他们首先开发出来的。这也许很值得我们向西方学习，重振我们民族的创造力。

刊于《力学与实践》，2007，29(4)：91-93.

14 Chapter 坐在大汽车的后排为什么比坐在前排要颠

一位老年妇女患了骨质疏松症。就是说，她的骨骼的强度发生了问题。医生告诉她，走路要注意不要跌倒，否则就容易骨折。坐大汽车时还要注意要尽量坐在车的前排，否则由于汽车的后排座比较颠簸，易于造成脊柱的压缩性骨折。

汽车的后排座比较颠簸，这是许多人都注意到的事实。但是其中的道理是什么，却需要仔细思考，特别是从力学的角度来加以讨论。

为了把这个问题说得比较清楚，我们分以下几步来讨论。

1. 汽车的重心是靠近车的后轮的

通常的大型客车，大多是由后轮驱动的。就是说，发动机驱动后轮旋转，靠后轮和地面的摩擦力推动车辆前进。

为了使后轮和地面有足够的摩擦力，汽车的重心必须靠近后轮。汽车的重心如果靠近前轮，那么前轮对地面的正压力就要比后轮大，与地面的摩擦力就大，而后轮对地面的正压力小，从而后轮驱动时得到的摩擦力也就小。这是不利于汽车的驱动的。

也许人们会问，把汽车的重心放置在后轮上面，不是对汽车的驱动更为有利吗？不能，考虑汽车的驱动只是一方面的因素。在设计汽车时，还要考虑到驾驶的稳定性。特别是当汽车作紧急刹车时，汽车运动的稳定性。

我们首先来看如图 1 所示的直立在平面上的细长圆柱。在重力作用下，它很容易倾倒。这是因为作用在它的重心 C 的重力与在底部 A 的支撑反力一般是互相平衡的。如果使细柱倾斜一个角度，作用在 C 的重力向下延伸超出底面积 A，则圆柱便会倾倒，因为这时支撑力与重力形成的力矩会使圆柱继续倾倒。

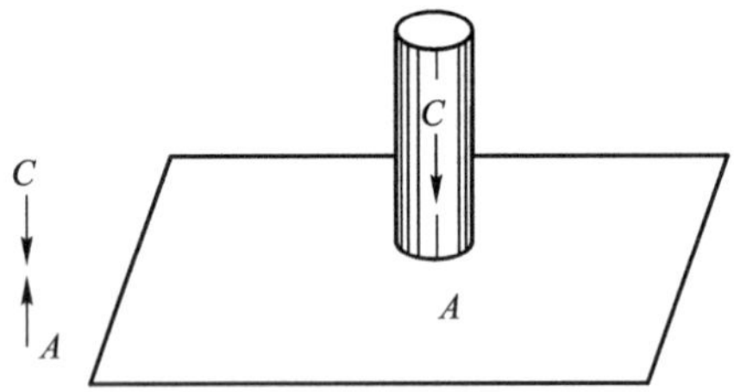

图 1　直立在水平面上的圆柱

应当注意的是，在图 1 所示直立的圆柱上，重心 C 愈低，便愈是稳定。这是因为在重心 C 比较靠近 A 时，圆柱倾斜一个很大的角度作用在 C 的重力向下延伸才会超出底面积 A。

现在我们来考虑汽车。汽车在紧急情况下需要刹车，这时一般会将前后轮都刹死，使它们不再转动，靠地面和车轮之间的摩擦力使汽车减速直到停止运动。在设计汽车时总是要考虑到最不利的情况，如果这时汽车的后轮恰好处在摩擦力很低的地方，比方说在冰上。阻止汽车前进的力只有前轮和地面之间的摩擦力了。在这种情况，我们可以把汽车简单地看做图 1 上的圆柱，前轮好比圆柱的支撑处 A，而汽车的前进减速的惯性力相当于作用在圆柱重心 C 处的重力，它是作用在汽车的质心处的，亦即在重心 C 的。汽车刹车情形与图 1 所示圆柱的差别仅在于，汽车是水平的，圆柱是垂直的。

汽车的前后轮的距离，即轴距相当于上面说的柱体的高度。既然为了稳定，直立的柱体不可过高；要使汽车行驶稳定，汽车的轴距也就应当适当短一些。另外轴距适当缩短还有一个附带的好处，就是转弯比较灵活。

实际上，如果汽车的重心设计得过分靠近后轮，在急刹车时就不应当或尽量少使用前轮刹车。一方面由于前轮承担的重量小，刹车时能够提供的摩擦力也小（在紧急刹车时，由于重心有一定高度，制动的惯性力能够增加前轮与地面的正压力，从而增加摩擦力）；另一方面，这时如果两个前轮的摩擦力稍有不同，例如一个轮子下面有冰，则汽车在惯性力与摩擦力作用下就会打转而横在公路上。这是十分危险的。为了解决这一问题，汽车的重心就不可以设计得过分靠近后轮。而要适当往前移。

为了使汽车的重心适当靠前又要使重心靠近后轮，这就要把后轮的位置适当前移。使得汽车刹车时有足够的稳定性，又使后轮产生较大的摩擦力。所以通常大客车的后轮一般安置在离尾端大约是车长的 1/4 处。这个 1/4 车长一般称为车的后悬。一般前轮也不是安置在车的前端，而是离前端有一段距离，这段距离称为前悬。一般客车车长大约为 12 m，而前后轮的距离（轴距）大约是 7 m。

总之，考虑到汽车刹车的稳定性的要求，还要考虑汽车后轮能够提供汽车前进的足够的摩擦力。汽车的重心距后轮为 1/3 轴距处。这样安置，后轮承担车重的 2/3，而前轮承担车重的 1/3。

2. 前轮和后轮通过相同的鼓包时后轮更容易跳起来

如前所说，通常汽车的重心是靠近后轮的。在汽车的重心靠近后轮的前提下，我们来讨论道路上有同样一个鼓包，汽车的前轮和后轮通过它会有什么不同。

为了不使问题过于复杂，我们对问题进行简化。把汽车看做一块矩形薄板的刚体。令 C 是它的重心。它与前后轮的距离分别

为 a 和 b，由前面的讨论，a 是大于 b 的。

令汽车的总质量为 M，它相对于重心 C 的转动惯量为 J。由当坐标原点改变时转动惯量的变化公式我们可以得到：

汽车相对于前轮 A 的转动惯量　　$J_1=J+a^2M$

汽车相对于后轮 B 的转动惯量　　$J_2=J+b^2M$

现在我们假定图 2 所示的汽车从右向左行驶，在道路上有一个鼓包。不妨令鼓包是球形的，其半径为 ρ。汽车前轮过鼓包时的速度为 v_A，后轮过鼓包时的速度为 v_B。由此前后轮过鼓包顶点时，前后轮的向上的加速度分别为$\dfrac{v_A^2}{\rho}$和$\dfrac{v_B^2}{\rho}$。

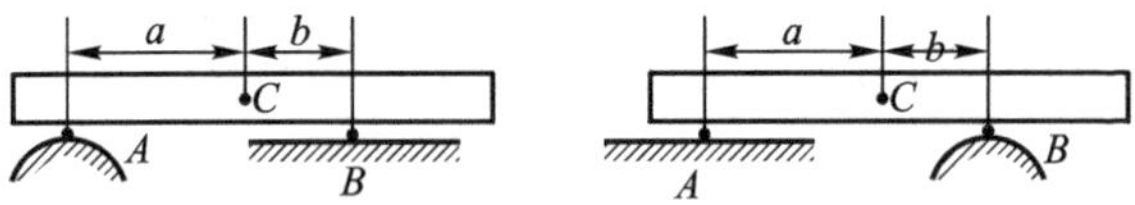

图 2　汽车前后轮过同一个鼓包的示意图

设汽车在前轮和后轮经过鼓包时分别要绕后轮和前轮旋转。令绕前轮的旋转角速度为 ω_A，绕后轮的角速度为 ω_B。则我们可以把这两种转动的运动方程列出为

$$J_1\left(\frac{\mathrm{d}\omega_A}{\mathrm{d}t}-\frac{v_B^2}{(a+b)\rho}\right)=(a+b)R_B-aMg\text{（绕前轮转动）}$$

$$J_2\left(\frac{\mathrm{d}\omega_B}{\mathrm{d}t}-\frac{v_A^2}{(a+b)\rho}\right)=(a+b)R_A-bMg\text{（绕后轮转动）}$$

式中　R_B，R_A 分别为作用在后轮和前轮上向上的反力。左边括弧内的第二项是对应轮子过鼓包时由于鼓包而形成的角加速度。

现在我们来讨论绕前轮转动时的一个特别的情形——当后轮跳离地面时，显然这时地面对后轮的反力 R_B 是等于零的。这时，如果$\dfrac{\mathrm{d}\omega_A}{\mathrm{d}t}>0$则后轮在离地后会继续跳起。我们考虑后轮起跳的临界情形，即$\dfrac{\mathrm{d}\omega_A}{\mathrm{d}t}=0$的情形，就有

$$J_1\frac{v_B^2}{(a+b)\rho}=aMg$$

从这个条件中解出 v_B 得到

$$v_B=\sqrt{\frac{aMg\rho(a+b)}{a^2M+J}}=\sqrt{\frac{a}{a^2+r^2}}\sqrt{\rho g(a+b)}$$

同理得

$$v_A=\sqrt{\frac{bMg\rho(a+b)}{b^2M+J}}=\sqrt{\frac{b}{b^2+r^2}}\sqrt{\rho g(a+b)}$$

式中 r 为汽车的惯量半径。即有 $J=r^2M$。

上面得到的 v_B 与 v_A 的表达式中右端的第二个根式是共同的。而前一个根式中在 a 大于 b 的条件下，如果还有 $r^2<ab$ 则有

$$\frac{a}{a^2+r^2}<\frac{b}{b^2+r^2}$$

就是说，在越过相同的鼓包时，后轮在较低的行驶速度 v_B 下就会跳离地面，而前轮跳离地面的行驶速度 v_A 要小。

现在我们来证明在 a 大于 b 的条件下，如果还有 $r^2<ab$ 则有

$$\frac{a}{a^2+r^2}<\frac{b}{b^2+r^2}$$

由于在上述条件下有 $(a-b)(ab-r^2)>0$，展开即

$$a(b^2+r^2)-b(a^2+r^2)<0$$

移项两端并被大于零的式子来除，由此可得 $\frac{a}{a^2+r^2}<\frac{b}{b^2+r^2}$。

至于条件 $r^2<ab$，我们可作如下的假定，令汽车的质量均匀分布在轴距之间，这样假定大致上是合理的，这是因为汽车的主要质量是发动机和传动系统以及底盘，汽车的顶部结构是比较轻的。这样，汽车可以近似看做长为轴距 $l=a+b$ 的一根棒。它的重心在棒中点，其惯性半径为

$$r^2=\frac{l^2}{12}$$

令 $a=\frac{l}{n}$，则 $ab=\frac{n-1}{n^2}l^2$。条件 $r^2<ab$ 即是 $\frac{1}{12}<\frac{n-1}{n^2}$ 即

$$n^2-12n+12<0$$

这个式子只有在 n 处于左端二次式的两个根之间才会成立。其中两个根可以近似求得为 1 和 11，前者要求汽车的重心处于汽车的后轴上，而后者要求汽车的重心非常接近前轴。这都是不可能的。所以我们要求的条件是满足的。

3. 汽车较大的后悬尺寸使后排座的颠簸放大

在上一节我们讨论了当汽车以相同的速度行驶时，前轮和后轮经过同一个鼓包，前轮起跳的速度比后轮起跳的速度要小。就是说，在前轮贴着地面行进的速度下，后轮可能跳离地面，所以坐在汽车的后面比坐在前面要颠簸。

这还只是一方面的原因。其次一个原因是，我们前面说的汽车的重心要适当靠前。为此汽车的后轴一般不是安置在汽车的后端，而是留出一段后悬。这就更加剧了后排座的颠簸。

如图 3 所示，我们来考虑汽车在过鼓包时，后轮跳离地面。整个车是绕前轮旋转，不妨设这时后轮起跳的高度为 h_1，我们来计算坐在汽车后排 D 的乘客起跳的高度 h_2。显然我们应当有 $\frac{h_1}{a+b}=\frac{h_2}{a+b+c}$，即有

$$h_2=\frac{a+b+c}{a+b}h_1$$

由于右端的分数分子总是大于分母的，所以坐在后排的乘客感觉到的颠簸比坐在后轮上部的乘客感觉颠簸得还要厉害。

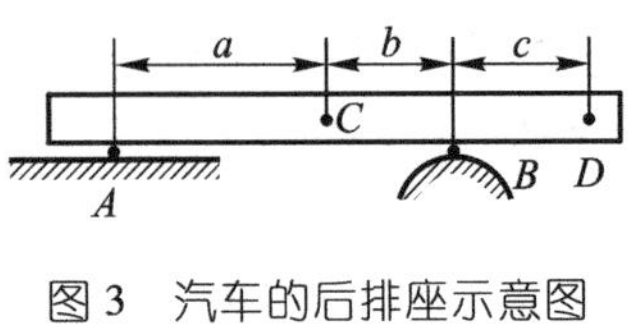

图 3　汽车的后排座示意图

上面得到的公式，不仅对后轮跳离地面的高度的放大是适用的，而且对于后轮没有跳离地面，仅是由于地面的不平，后轮的起伏高度的放大作用也是适用的。

4. 结语

通过以上的讨论，我们可以明确地说，大客车的后排比前排要颠簸。这首先是由于汽车的重心和车轮位置的安排造成的。而这种安排是汽车的驱动和稳定性的要求造成的。其次，后排比前排颠簸，也是由于为了使驾驶员有一个较为舒适的环境的需要。一辆汽车上各个位置上都处于同样颠簸的程度，虽然也大致能够做到，但那样驾驶员就比较容易疲劳，更易于发生驾驶危险。

弄清楚了汽车后排比较颠簸的道理，我们就可以理解那位医生建议骨质疏松的患者尽量坐在汽车的前排是很有道理的。并且，如果在汽车上还运载一些易碎的和贵重的仪器等物品时，如鸡蛋、测震仪等，也应当把它们装在车的前面，以保护它们。

注：与北京建筑工程学院郝莉合作.

15 Chapter 从噗噗噔儿谈到非线性

噗噗噔儿，是一种用玻璃吹制而成的玩具。吹制的办法是，先将玻璃拉成一根管子，然后将它的端部吹成一个球，最后趁玻璃还软，在一个微凸的平面上一摁，使底平面略向内凹，待冷却后即成。通常多为暗红色或红褐色。图 1b 是清朝同治、光绪年间民间艺人画的彩色画“北京民间风俗百图”中的“卖琉璃喇叭图”，图中左筐上边即有几只噗噗噔儿，它的形状如图 1a 所示。图 1c 则是 20 世纪 40 年代的一张民俗剪纸，右筐上也插着几只噗噗噔儿。据日本学者林谦三的考证，噗噗噔儿大约在江户时代(1603—1867)传入日本，称之为鼓珰(poppen)并附有一张插图(图 1d)。

由于噗噗噔儿的底薄如蝉翅，且略凹，玩的时候对着管端轻轻吹气，当内部气压略大时，底儿便变形而突然外凸，随之噗地一响；然后再吸气，随着内部压力减小，底儿又噗地一响变为向内凹，这样一吹一吸，便响个不停，很好玩。

但是，由于这种玩具很易破碎，不小心能够划破皮肤，再加上新的电子玩具的出现，所以近几十年来生产很少了。早年它却

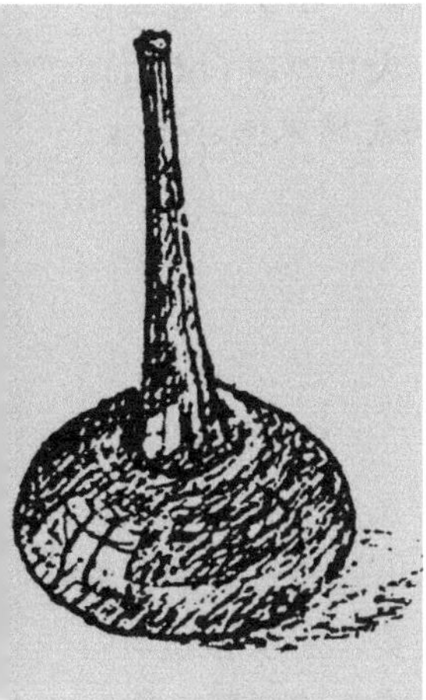

(a)

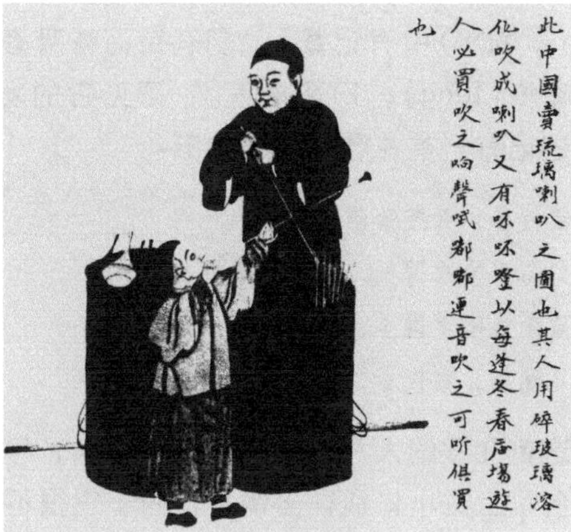

(b)

(c)

(d)

图 1

很流行。它的名称很多，北京一带也称不不登、倒掖气、倒掖器、响葫芦；山西一带则称咯嘣儿、琉璃咯嘣儿；广东一带称料泡等。

噗噗噔儿在中国发明得相当早，在明末刘侗、于奕正合写的《帝京景物略》中有记载："别有衔而嘘吸者，大声哄哄(hǒng)，小声唪唪(fěng)，曰倒掖气。"可见它的发明应当不晚于明末。书中还记有一首儿歌，现录如下：

倒掖器，如瓶落阶瓶倒水。
匀匀呼吸吹薄纸，吸少呼多瓶脱底。
藏爹钱瞒爹眼里，迷糊琉璃厂甸子。
儿迷糊，倒掖器，爹着汗，嬷着泪。

这首儿歌的大意是：倒掖器玩起来，它发出的声音有如瓦盆掉在台阶上或小口瓶往出倒水，由于它很不结实，所以必须均匀地吹吸，就像吹一张薄纸一样，一不小心就会将底吹脱落，很容易吹坏。歌的后半阕是说一个淘气的小孩背着爹妈拿了钱去逛琉璃厂、厂甸，买倒掖器玩，结果害得爹为了寻他而汗流清浃背，老妈妈急得哭泣。这里"迷糊"有迷恋与糊涂双关的意思。

时间上，大约是噗噗噔儿发明稍后，英国人胡克(R. Hooke，1635—1703)在1660年发现了一条定律，并且于1676年发表了。这就是现在中学教科书上说的胡克定律，即：在材料的弹性极限内，弹性物体所受的力与变形成正比。如果用p代表外力，d代表变形量，则胡克定律可以表示成$p=kd$，这里k是与p和d都没有关系的常数。比胡克略早的法国数学家笛卡儿(Descartes，1596—1650)，在他41岁时，即1637年，发表了他的名著《几何学》，也就是后来解析几何的最早起源。书中认为在平面上建立了坐标系，任何一个两个变数的方程可以对应于平面上的一个图形。有了这个方法，胡克就可以将他的外力与变形的关系画在图上，结果是一条直线，所以后来也将胡克所描述的这种外力与变形的关系称为线性关系。

胡克搜罗了他当时所能收集的许多例子加以研讨，结果都符合"线性关系"。其中有：螺旋弹簧，外力是拉力，变形是伸长；钟表发条，外力是中心轴的力矩，变形是中心轴旋转过的角度；一根悬吊的长长的线，外力是拉力(下端的重物)，变形是伸长；木制的一端固定、另一端自由的梁(悬臂梁)，外力是自由端所悬重量，变形是自由端铅直位移(挠度)。在所有这些例子中，“线性规律”都是成立的。据国防科技大学老亮教授考证，在我国东汉经学家郑玄(127—200)在《考工记》注中，通过对弓的试验的注中，就已经有外力与变形成正比的记载。比胡克早了 1 400 多年。

噗噗噔儿虽然发明得比胡克出生还要早，可惜由于当时中西交通的阻隔，胡克小时候肯定没玩过这玩艺儿，否则他在总结他的定律时，恐怕要困惑不解了。如果将噗噗噔儿也看做一个在外部力作用下的变形物体，这里外力是内部空气的压强减去大气压，变形可以用圆形底部中心的位移来量，不妨设底部为平的时，变形为零。这时，外力与变形的关系不再是一根直线，而要复杂得多。

对于噗噗噔儿的外力变形曲线来说，也可以将它画在平面上，令水平坐标表示变形 d，铅直坐标表示压力 p，图 2 曲线 $ABODC$ 即是。设未吹气时，噗噗噔儿的状态处于 A 点，这时 d 是负的，表示底向内凹。随着吹气使内部压力增高，底也逐渐向外移动，当内部力 p 增加时，于是便使噗噗噔儿的状态到达 B 点。我们看到：从 B 点，变形曲线是伸向 BO 段的，但这一段

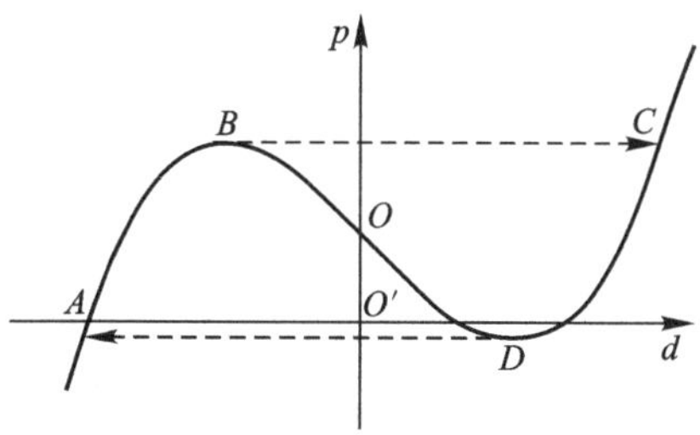

图 2

上，压力必须下降，实际上我们还在继续吹它，不可能下降，于是噗噗噔儿的底部中心便直接跳向 *C* 点，然后若增加压力再沿 *DC* 段往上去。从 *B* 点跳到 *C* 点，噗噗噔儿的底儿瞬时便从凹形跳到凸形，发出一个清脆的响声。在 *B* 点，噗噗噔儿的状态发生突然变化，所以我们称 *B* 点为临界点。

现在当噗噗噔儿状态处于 *C* 点，即底向外凸压力为正，如果减少压力，或轻轻吸气，则噗噗噔儿的状态又会沿 *CD* 段到达 *D* 点。这时再减小压力，噗噗噔儿的底儿便突然在压力不变的条件下，由凸变为凹，即从 *D* 点返回到 *A* 点。

我们看到在曲线 *ABODC* 上，*BOD* 这一段也是外力变形曲线上的一小段，但却永远达不到。因为在这一段上，噗噗噔儿的平衡是不稳定的。

噗噗噔儿发明得很早，可是关于它的变形的理论研究得却很晚。最早研究它的是 1939 年美国力学家冯·卡门(Von Karman，1881—1963)和他的中国学生钱学森。他们将这类问题简化为一个球壳在外压作用下的失稳问题。他们的兴趣当然不是为了玩噗噗噔儿，而是对某些飞机结构元件变形规律认识的要求。

然而，噗噗噔儿的底儿在它向内凹或向外凸时，都可以看为一个球壳的一部分。所以卡门-钱的研究工作也可以用来解释噗噗噔儿的变形，它是一类弹性物体变形的代表。后来人们把这类有上下临界(图 2 中 *B*,*D* 点)的变形曲线、变形的来回突然跳动称为**弹性突跳**。

弹性突跳现象在工程与生活中有不少应用，现在计算机或计算器的按键就是利用弹性突跳元件，使得指头按上去压力达到一定，键接触时不拖泥带水。高压配电的电闸也是如此。有些工作部门还用它作为控制器，使压力高时达到临界值，通过弹性突跳打开阀门泄气，低时达到某临界值通过弹性突跳关闭阀门。

噗噗噔儿也是弹性材料，但是它的外力变形曲线却为什么不是线性的，不服从胡克定律？原因很简单，胡克研究的对象都是相对小的变形。其实即使是噗噗噔儿，如在图 2 中 A 点附近，它的变形曲线也可以近似看为线性的，用曲线过 A 点的切线代替即可；变形大了，曲线便拐弯了。所以在胡克之后，为了保持胡克定律有较大的适用范围，人们修改了他的提法，加进两条限制：其一是严格限定在变形很小的情形；其二是将外力与变形改为应力与应变。应力与应变是指在变形体上割出一个无限小的单元上来讨论外力与变形关系的。在这两个条件下，大部分弹性体是满足“线性关系”的，即使我们的噗噗噔儿上的一个无限小的元素也是服从线性关系的。

人们将像噗噗噔儿的变形外力曲线称为**非线性**关系。**非线性**关系类型很多，也很复杂。整个自然科学的历史表明，任何学科发展的早期，最先总是将所得到的关系看做线性的，例如在电学中，电场强度与电感强度的线性关系；渗流中渗透压力与渗透流速度的线性关系；在热学中热流量与温度差的关系；在电工中电压与电流强度的关系，等等。早期都是线性的，随着研究的深入，都发现了**非线性**的修正。

不仅如此，早期的社会生产，也近似用线性关系的经济学来讨论。手工生产，如打草鞋，生产量与人数是线性关系。后来进入大生产，一座现代化钢厂，钢产量与工人数便不是线性关系，人数少到一定数量便产不出钢来。

大约在 20 世纪 60 年代，整个自然科学与社会科学各领域，大量提出并讨论**非线性**现象与问题，而且这些问题都有一些共同点，在数学描述上其**非线性**关系相同，且发生的现象也有某些可类比性。它比线性情形更复杂、更媚人，描述的现象更丰富，也更具有挑战性。这就是所谓当前我们称之为**非线性**科学。而且人们预期，20 世纪人类仅仅是大量提出**非线性**问题。真正要解决，恐怕是 21 世纪的事。

然而，**非线性**现象不管怎样复杂，也总得从最简单的情形开始研究。噗噗噔儿当是一种最简单的**非线性**现象。如果你想进入

非线性的研究领域一显身手，不妨请你先对噗噗噔儿思考一下，它会告诉你许多许多。

参考文献

[1] 老亮. 我国古代早就有了关于力和变形成正比关系的记载[J]. 力学与实践，1987，9(1)：61.

[2] Karman T Von，Tsien H S. The Buckling of Spherical Shells by External Pressure [J]. J. Aeron. Sci.，1939 (7)：43.

[3] 武际可，苏先樾. 弹性系统的稳定性[M]. 北京：科学出版社，1994.

最早刊登于《力学与实践》，1997 年 06 期.

16 Chapter 甩鞭子为什么会响

——兼谈鞭稍效应

鞭子，是当今赶车的(或称车把式)手中的必备物。车把式一扬鞭子，空中戛然作响，拉车的牲口便应声而奋蹄奔跑。

鞭子起源很早，有几千年的历史。明人王祯在他著的《农器图谱》中画有一根鞭子，称为乎鞭(图1)，并注解说："驱牛具也，字从革从便。曰策、曰鞓、曰鞘，备则成之。春秋传云：鞭长不及马腹，此御车鞭也。今牛鞭犁后，用亦如之。农家纫麻合鞭。鞭有鞘，人则以声相之，用惊牛行，不专于挞，世云乎鞭即其义也。诗云：何物耕牛服并驱，长鞭轻袅配歌乎，寄声莫作鸣鞘急，饲养曾添宿料无。"(见文献[1])。

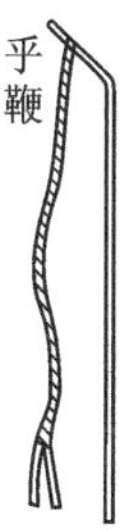

图1

从这段注解中看出，在周代的春秋传中已有鞭的记载，而且鞭由策(鞭杆)、鞓(tīng,鞭绳)和鞘(shāo,鞭绳末端的皮条)三部分构成。鞭子的主要用途是驱赶，并不是挞(即用鞭子抽打)。

用鞭子驱赶牲口，主要是由于扬鞭动作以及产生的声音效果，久而久之，使牲口形成条件反射，一听到鞭响，便加快步伐。

鞭子一响为什么会发出清脆的响声？这是首先要讨论的问题。原来甩鞭时，鞭稍部分移动的速度大得惊人，可以超过声速(330 m/s)。这就是局部造成了冲击波，于是我们便可以听到一记清脆嘹亮的响声。为了具体分析这个过程，我们沿用文献[2]的思路，将鞭子简化为一根长为 l，均质的不可伸长的柔索。

如图 2 所示，设鞭子在甩开时，折为 ABC，在 AB 段运动速度 v 为常量，A 点运动规律为

$$x = x_0 - vt$$

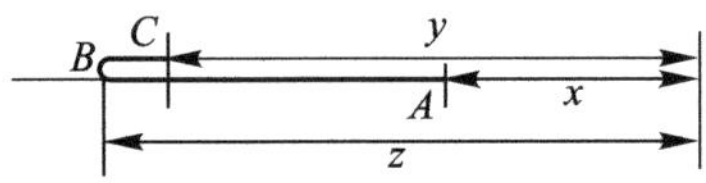

图 2

这里 v 为常数，负号表示 AB 段向右运动，BC 段的速度为待求。令

$$\dot{y} = \frac{\mathrm{d}y}{\mathrm{d}t}$$

我们知道，AB、BC 两段之和为 l，即有

$$(z-x)+(z-y)=l$$

亦即

$$z=\frac{1}{2}(l+x+y)$$

在上述条件下，鞭子的动能为

$$T=\frac{1}{2}\rho[(z-x)\dot{x}^2+(z-y)\dot{y}^2]$$

将 z 代入上式得

$$T=\frac{1}{4}\rho[(l-x+y)\dot{x}^2+(l+x-y)\dot{y}^2]$$

式中 ρ 为密度。由于鞭绳运动没有势能，将它代入 Lagrange 方程

$$\frac{\mathrm{d}}{\mathrm{d}t}\frac{\partial T}{\partial \dot{y}}-\frac{\partial T}{\partial y}=0$$

就得到对 y 的微分方程

$$(l+x_0-vt-y)\ddot{y}-\frac{1}{2}(v+\dot{y})^2=0$$

令 $u=l+x_0-vt-y$，方程可以化为

$$u\ddot{u}+\frac{1}{2}\dot{u}^2=0$$

因为 $\ddot{u}=\dot{u}\dfrac{\mathrm{d}\dot{u}}{\mathrm{d}u}$，把它代入上式，可以积分得到

$$u\dot{u}^2=\mathrm{const}=u_0\dot{u}_0^2 \qquad (1)$$

其中 $u_0=l-x_0-y(0)$，$\dot{u}_0=-v-\dot{y}(0)$，若令 $\dot{y}(0)=0$，代入式(1)可得

$$\dot{y}=v[(u_0/u)^{1/2}-1]$$

从上式我们看到，当 $u\to0$ 时，即当 $y-x=l$ 时，$\dot{y}\to\infty$！

这就是说，在这样的条件下，鞭子末端的速度可以是无穷大！

最早精确分析这一现象的是 W. Kuchariski，他在 1941 年发表了类似于上面的结果。

在实际情况中，无穷大速度当然达不到，但它可以轻而易举地超过声速。这就是甩鞭子产生响声的道理。

正因为鞭稍部分速度十分大，所以王祯论及鞭子的用途时，说明它不是专用于挞的。因为这样速度的鞭稍抽在牲口身上，尽管牛马的皮较厚，也会将牲口抽伤，甚至抽出血痕。

在我国古代，鞭子除了用于驱赶牲口外，还有一项有趣的用处：利用鞭子造成的响声为某些礼仪增加威严气氛。

在《宋史·仪卫志》中有一段记载："鸣鞭：唐及五代有之，周官条狼执鞭趋辟之遗法也。内侗二人执之，鞭稍红丝而渍染以腊。行幸则前驱而鸣之，大祀礼毕还宫亦用焉，视朝、宴会则用于殿庭。"

这段记载中，"条狼"是周朝《礼记》中记载的专管执鞭的官名，说明从周朝开始，就有专门的内侗在天子行幸、出游或大礼中甩鞭子，这种习俗一直沿袭到唐五代。可以想象，这些大礼

中，那些内伺不断甩鞭子，啪啪地响一阵。宋以后，火药发明了，才有了爆竹，一些小的爆竹的响声与鞭子的响声相像，用燃放鞭炮取代“鸣鞭”，所以称为“鞭炮”。现代世界各国举行盛典时鸣礼炮的仪式，追本溯源，怕得从“鸣鞭”开始吧？

鞭子尾部速度大的现象，在日常生活中有许多应用。我们为了抖去衣服上的灰尘，把衣服提起来一抖，衣服局部速度较大，足以将灰尘抖落。刚洗好的床单和衣服，一抖可以把它弄得平整一些。

农村秋收季节，果树梢头的枣、栗、核桃等难以摘下，这时用一根长的钩杆，将果子所在的细枝钩住一摇，柔韧的细枝犹如鞭子，树梢上的果子便可抖落下来。

现代建筑的某些结构(高层建筑、电视塔、桅杆等)愈来愈高，它们有的在风中来回晃动。这时它的顶端每一来回的转折瞬间，形成较大的速度，它所引起的应力有时数倍于静止时的应力。这在设计时绝对不能忽略。这种由于晃动使应力超常增加的现象，有时也称为“鞭梢效应”。为了精确地分析这种效应，必须在方程中计入非线性因素，它使得问题比通常难了许多。

自然界的奥秘隐藏得很深，几千年前就利用鞭子响声的现象，直到1941年才弄清楚。其实鞭子的运动还是相对简单的。进一步要问：一根柔索在任意初始条件下开始的运动，而且考虑重力与外部的端头力，它的一般运动规律求解是非常困难的。至今还没有办法。它的难度恐怕不亚于量子力学、湍流、材料断裂等著名的世界难题！不信试试看。

参考文献

[1] 王祯. 王祯农书[M]. 北京：农业出版社，1981：

432.

[2] Rossenberg R. M.. Analytical Dynamics of Dicrete Systems[M]. Plenum Press, 1977: 333.

本文首刊于《力学与实践》, 1995, 17(5): 72-73.

从抽陀螺到惯性导航

17 Chapter

陀螺，是一种古老的玩具。它的种类很多，有大有小，小的只有图钉大小，而大的却有数十公斤重。从制作的材料来说，有木制的、金属制的，也有用象牙等贵重材料制的。玩法也有不同，有的用手指捻，看谁捻的陀螺转得时间长；有的用双手搓；还有的用鞭子抽，使它加速旋转(图 1)。

图 1　抽陀螺图

陀螺的名称也很多，在宋代叫“千千”，也称“妆域”、“干乐”，是指宫女们在象牙盘中以手捻来使它转的那种小陀螺；在日本叫“独乐”，是从中国经由朝鲜传入的。据考古发现，我国在 5 000 年前便有陀螺出现；在世界各国的早期文化中，几乎都有玩陀螺的记载，英美人称为“top”。至于用鞭子抽来加速它旋转的那种陀螺，有的地方称为“冰猴儿”，特指在冰上玩的那种，在抗日时期有的地方把这种游戏形象地称为“抽汉奸”。

高速旋转的陀螺，由于惯性，具有很好的稳定性，轴的方向总是保持不变。细心的人会注意到，在陀螺旋转时，会出现两种情况：一种是笔直地站立旋转，就像不动一样，它的轴处于铅直的位置；另一种是陀螺的轴不在铅直位置，这时陀螺自己旋转外，它的轴还绕铅直轴旋转。后一种情况称为规则进动。

对于前一种情况比较好理解，对于规则进动的情形需要加以解释。原来陀螺在初始时刻，它的轴可能不是铅直的，即和铅直轴呈一个角度。这时由于陀螺的重心处于陀螺的对称轴上，而陀螺所受的重力是铅直向下的，所以陀螺受一个对 O 点的力矩。如图 2 所示，不妨假设陀螺所受的力矩使陀螺上的 B 点向下，使与 B 点处于同一对称圆直径上的 A 点向上，设原来 A 点和 B 点的速度分别为 v 和 $-v$，它们都处于水平面内且大小相等方向相反。在所说的力矩作用下 A 点获得一个向上的速度分量 u，而 B 点获得一个向下的速度分量 $-u$，结果 A 点和 B 点的实际速度分别是 v' 和 $-v'$，显然这两个速度所在的平面对原来的由 v 与 $-v$ 所决定的平面改变了一个角度。这个角度使陀螺的轴发生改变，其改变的方向总是指向陀螺所受力矩的旋转面并与之垂直，即同力矩的旋转轴平行。

当陀螺的初始位置对称轴不是铅直时，在重力作用下，陀螺受一个旋转轴沿旋转圆切线方向的力矩（图 3a）。从上面的分析，

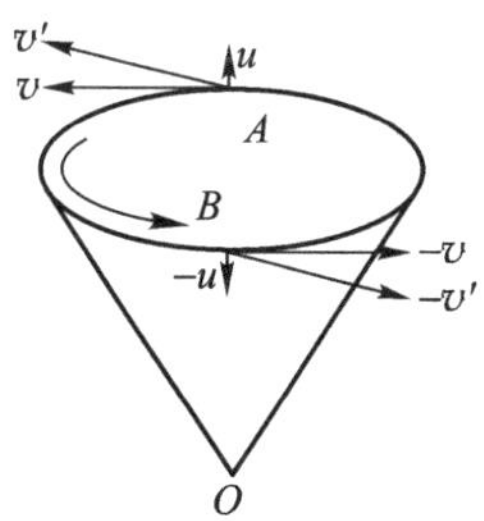

图 2　规则进动示意图

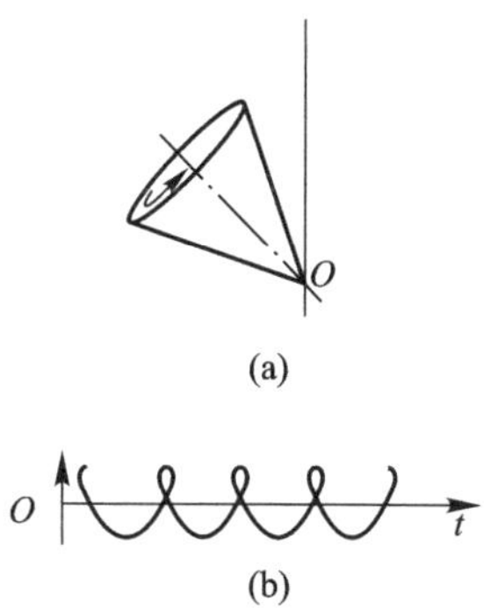

图 3　规则进动

陀螺的对称轴也必然向旋转圆周方向不断倾斜，结果就产生规则进动的情形。这时，陀螺的对称轴绕铅直轴作等速转动，在空中画出一个锥形。如果陀螺的初始位置对称轴不是铅直而且对称轴还有一个使倾角变化的初始速度，则陀螺进动时其倾角还会不断周期性地变化，对称轴和铅直轴夹角随时间的变化曲线如图 3b 所示。由以上分析，就会理解为什么在用鞭子抽一下陀螺时，陀螺只是摇晃一下然后又平稳地旋转下去。原来在用鞭子抽陀螺的瞬时，鞭子加在陀螺上的力主要是在陀螺转动的圆的切线方向的力，这个力除了使陀螺转动加快外，还会形成一个使陀螺倾倒的力矩，就是这个力矩会使陀螺摇晃一下，一旦这个力矩去掉，陀螺便又恢复平稳。

以 24 小时自转的地球，是一个巨大的“陀螺”。由于地球的形状是椭球状，当它在月球的吸引下，形成一个外力矩，由于这个力矩的作用，地球这个大“陀螺”也要产生前面所说的规则进动的情形(图 4)。不过这个进动是非常慢的，大约 26 000 年才循环一周。由于这个进动，我们的地球转动的轴会缓慢地改变，过多少年后，旋转轴就会从现在的北极星附近移到别的地方了。

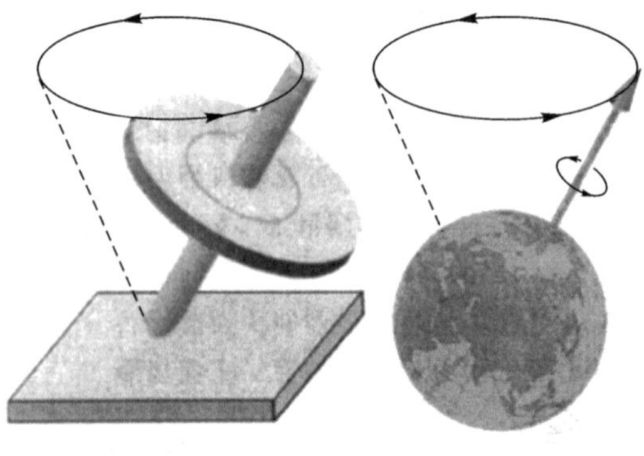

图 4　地球的进动

对陀螺运动的精确分析应当是从瑞士数学力学家欧拉(Leonard Euler,1707—1783)开始的。欧拉把陀螺近似地简化为一个刚体绕固定点的运动，采用适当的参数(即欧拉角)来描述这种运动，并且首先弄清楚了这些参数所应当满足的运动方程。这是最一般情形下刚体绕固定点运动方程，它是由三个二阶微分方程组成的方程组，称为欧拉方程。由于这组方程非常复杂，很难求解。迄今为止，只得到三种靠积分得到解的情形，而且后来人们证明，只靠积分的办法，人们也仅能得到这三种解。第一种情形是欧拉自己于1765年找到的，是刚体的形状任意，其重心就在固定点，而且不受外力矩的自由运动的情形，图5所示支在支架上的陀螺就是这种情形。第二种情形是1788年由法国数学力学家拉格朗日(J. L. Lagrange,1736—1813)找到的，这种情形是陀螺完全旋转对称的，固定点处于对称轴上，刚体只受重力作用，这恰好是我们通常玩具陀螺的情形。欧拉与拉格朗日情形之后，一直沉默了100年，到1888年才由俄罗斯女数学力学家索菲亚·科瓦列夫斯卡娅找到了第三种情形，即刚体的重心位于刚体回转椭球的赤道平面上，而且三个转动惯量有两个相等，第三个是前两个的2倍。对于刚体绕固定点运动，此外的复杂情形，一般就都要借助于计算机作数值求解了。

我们前面介绍了陀螺运动的特点，归结起来，主要表现为两方面：即一是它的稳定性，二是在受到外力矩时它以适当的倾斜来反应。经过系统的分析和研究，这两方面的运动特点都在技术上得到广泛的应用。

最早把这种原理用于制造仪表的，大约是由法国的科学家傅科(Jean Bernard Léon Foucult,1819—1868)开始的。1852年他制成了一架陀螺仪，由基座、支架与转子三部分组成(图6)。支架使转子与基座之间有三个角运动的自由度。傅科用这架陀螺仪证实了地球的自转，所以傅科又称它为“转动指示器”。指南针在古代的航海中起了很大的作用，到了19世纪末，开始用钢铁制造轮船。指南针在钢铁围绕下便完全失效了，人们不得不另外寻求能够指示方向的装置。由于陀螺旋转的稳定性，高速旋转起来

图 5　支架上的陀螺

图 6　支架上的陀螺

的陀螺，其旋转轴的指向是不变的。人们就把它装在轮船上用来指示方向。1907 年美国人斯派瑞(Elmer Ambrose Sperry,1860—1930)(图 7)在一艘船上装了陀螺仪，并且于 1911 年申报了专利。后来他于 1921 年生产了依靠陀螺仪自动掌握轮船行驶方向的控制装置，并且开办了公司专门从事陀螺仪的生产和改进。1908 年德国人安休斯制成了第一架可以用于航行的陀螺仪。在第一次世界大战期间德国与美国先后把陀螺仪装在飞机上作为倾斜与转弯的指示。

图 7　斯派瑞像

高速陀螺轴的不变性，还被用在鱼雷、舰艇、车辆上，以保证这些运动物体的平稳、减小运动时的振荡和颠簸。后来还被用在坦克车、大炮、工作平台、测量仪器乃至电影摄像机上，以保证射击、测量和摄像的准确性。

1907 年在英国造成了单轨汽车进行表演，靠的就是高速旋转的陀螺使它运行稳定。图 8 所示就是该汽车的照片，图 9 所示是该车高速旋转陀螺的部件。

图 8　利用陀螺设计的单轨车

到了 1929 年 9 月，美国人多里特(J. H. Dolit)应用无线电、陀螺水平仪、航向陀螺仪来控制飞行。在 1931 年美国人鲍格斯(M. S. Boggs)完成飞机盲目着陆，使在夜间与有云雾的天气下航行与降落成为可能。第二次世界大战期间，德国人把陀螺仪安装到 V—2 导弹上控制导弹的飞行。科学技术是不断发展的，人类对航行的要求不断提高。潜水艇与宇宙航行每时每刻都需要精确了解它所在的位置。从 1957 年开始，人类开始了人造卫星与星际航行。从 20 世纪 70 年代开始，出现了核潜艇。宇宙飞船在进出大气层时，由于高温引起的气体电离，使飞船无法接收到无线电导航的信号。潜水艇在水中，水是不能传播电磁波的，根本不能靠无线电导航信号。何况人们还有从水底发射导弹等更为复杂的要求。这就要求这些潜水艇或飞船不以任何外来的信号来准确定位，这就是

图 9　单轨车上的陀螺

惯性导航。

惯性导航正是利用高速旋转陀螺的动力特性做到的。前面我们介绍过，当高速旋转的陀螺受到外力矩时，总会产生向一侧倾斜的反应。惯性导航正是利用这个规律来实现的。当潜水艇运动加减速度或拐弯时，在潜水艇上高速旋转的陀螺就会接收到由潜水艇这些行为引起的惯性力所产生的力矩，根据陀螺的反应进行分析就能够得到潜水艇在任何时刻的加速度。记录下这些加速度，并且通过积分可以求得速度，再积分一次便可以得到潜水艇的准确位置。于是从理论上说，只要知道潜水艇的初始位置，无论过多久，处在潜水艇中的人不和外部做任何信息交流就可以准确知道它在什么地方。

不过要做到这一点，在技术上还要克服许多困难。这就要求不断提高陀螺仪的加工精度以减少误差。陀螺仪从诞生以来，对它的加工精度要求越来越高，设计越来越精密。已经成为一项集精密工艺、力学、电子学、自动控制、冶金学等学科为一体的联合高技术行业。它的转子转速可达每分钟数万转，在支架的设计上，要求陀螺在单位时间内的漂移率越小越好。现在的飞机与导弹，要求漂移率每小时不超过百分之一度。因之，它的加工带动了机械加工的精度。一般精度要求在微米级，光洁度要求达到$\nabla 12 \sim \nabla 14$。加工时还必须在恒温、恒湿和洁净无尘的条件下进行。随着火箭和潜水艇技术的发展，惯性仪表在最近的40年里，精度大幅度提高。对精度起决定性作用的是仪表支承轴上的干扰力矩，它比初期减小了4个量级，即几万倍之多。

迄今人们虽然研究开发了一些其他种类的惯性导航的仪表，如激光惯性仪表等，不过在那些需要特别高精度的应用场合，传统的机械转子式陀螺仪和加速度计，仍然是首选对象。这种技术的难度和代价是相当高的。一般来说，为实现现代高精度陀螺仪的技术要求其高速旋转部分的间隙需小于1 μm，活动部件的质心不稳定量需在1 nm以下，金属材料的稳定性在1个微应变以下，机械加工精度为 0.1 μm，温控精度 0.01 ℃，局部环境的洁净度优于 10 级，测试设备的测角精度 0.1″，长度测量精度 10^{-7}。据国外报道，陀螺仪的漂移速率已经做到了地球自转速率的千万分之一，即 10^{-6}(°)/h，这个精度相当于潜水艇在水下活动数年而位置的误差不会超过 1 经纬度。从以上的高难度的要求和所要达到的精度来说，惯性导航确确实实是一门高技术。图 10 所示就是美国阿波罗飞船上所使用的导航系统的外观。

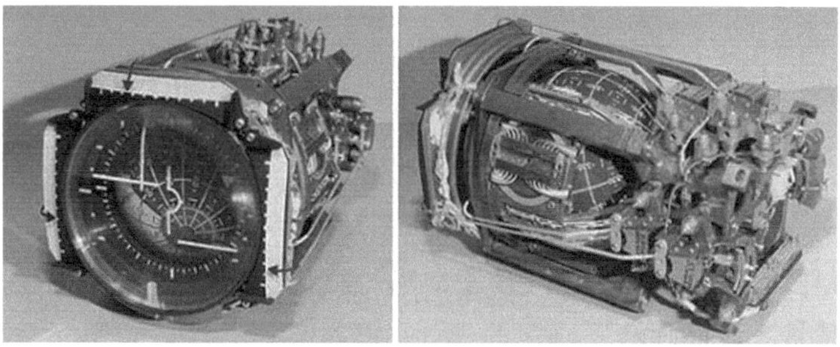

图 10　阿波罗飞船上所用的导航系统外观

刊登于《物理教学》2005 年第 4 期.

从荡秋千说开去

——漫话共振

Chapter 18

唐朝诗人王建有一首《秋千词》，描写少年女孩子比赛荡秋千的情景。这首诗说：

长长丝绳紫复碧，嫋嫋横枝高百尺。
少年儿女重秋千，盘巾结带分两边。
身轻裙薄易生力，双手向空如鸟翼。
下来立定重系衣，复畏斜风高不得。
旁人送上那足贵，终睹明璫斗自起。
回回若与高树齐，头上宝钗从堕地。
眼前争胜难为休，足踏平地看始愁。

秋千，大约在战国时代就有了。

据南朝梁代宗懔著的《荆楚岁时记》说：鞦韆（即秋千的古写）本北方山戎之戏，以习轻趫者。后中国女子学之。乃以彩绳悬木立架，士女炫服坐立其上，推引之，名曰鞦韆，楚俗谓之施钩，涅槃谓之骨索。

这里山戎是古代中国东北的少数民族，说明秋千是从少数民族传进来的。趫音 qiao，行动敏捷的意思。秋千有许多名称，古时还称为施钩和骨索，据说在汉代人称千秋。现在有的地方称打秋千为打悠游。

大约从唐代以后，在文献和文学著作中有大量关于秋千的记载。唐朝的《天宝遗事》中记载宫中每年寒食节，嫔妃们竞赛荡秋千的情景，唐玄宗称为“半仙之戏”。

图 1 是明末小说《金瓶梅》中的插图，而图 2 则是故宫所藏的清朝画。都画的是妇女荡秋千的场景。说明在中国，秋千主要是妇女的游戏。

历代有许多咏秋千的著名诗句。如杜甫的“万里秋千习俗同”，刘禹锡的“秋千争次第，牵掩彩绳斜”，南唐冯延巳的“柳外秋千出画墙”，宋代欧阳修的“绿杨楼外出秋千”等。

图 1

中国的秋千一般为妇女玩耍，特别是一些少数民族还有固定的玩秋千的节日，汉族多在寒食节，朝鲜族在每年的端阳节(端午节)。

在西方，荡秋千也很普遍。图 3 是法国画家弗拉戈纳尔作于 1766—1768 之间的一幅油画(局部)。画中有一个荡秋千的少女，后面在树阴里隐隐可以看到一个男人，可能是一位仆人，不断拉动一根连着秋千的绳子，使秋千荡起来。秋千的正面，有一位年轻小伙子，正在与少女调情。你瞧，大概少女在秋千上想踢一下那位轻薄的小伙子，踢空了，结果不小心把一只鞋子脱落了，飞到了空中。这幅画画出了荡秋千时的生动场面。

荡秋千有两种方法，一种是荡秋千的人坐在踏板上，由另外

图 2

的人推或拉，即《荆楚岁时记》上说的“推引之”，也就是秋千在来回摆动的一定的位置，有人顺着秋千的运动方向推或拉一把，这样秋千就荡得越来越高。但是这种方法大多对于比较小的孩子适用。对于荡秋千已经有些本领的人来说，就会像王建诗中说的觉得“旁人送上那足贵”。她们不满足于当“炫服坐其上”由别人“推引”的“士女”，而要自己荡起来。“争胜难为休”，而且要荡得越来越高，直到“回回若与高树齐”才心满意足。

图 3

靠自己荡上去是需要有一点技巧的。方法是在一开始登上秋千的踏板时要有一个初始速度，使秋千有一个小的摆动。然后，随着秋千的小摆动，作起立和下蹲的动作。不过这个动作要做得有节律，即当秋千下落时取蹲位，秋千上升时取立位，如图 4 所示。只要严格遵从这个规则，秋千就会越荡越高。本领好的荡秋千手，甚至可以在完全没有初始摆动的条件下把秋千荡起来。

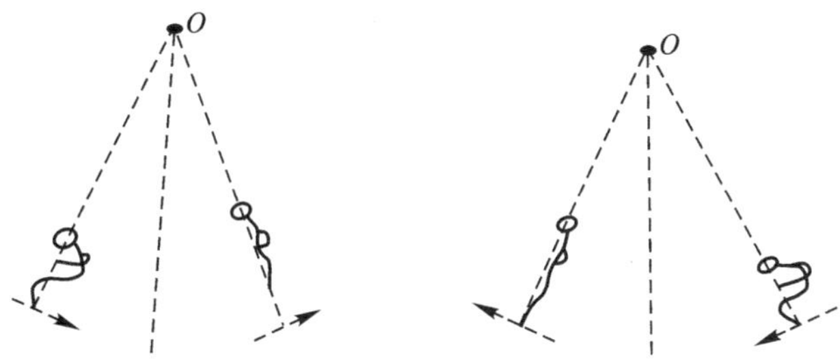

图 4

唐朝人高无际写过一篇《汉武帝后庭秋千赋》，其中有两句形容荡秋千的动作说："乍龙伸而蠖曲，将欲上而复低。"把它翻译为白话，就是说："随着秋千的一上一下，身体刚刚像龙一样地伸直，却马上又像尺蠖虫一样地卷曲。"这里描写的情景和我们前面所叙述的荡秋千的窍门是完全相合的。这篇赋是一千多年以前写的，说明高无际在当时对秋千的了解就已经很符合现在的力学知识的。

按照以上的方法为什么可以把秋千越荡越高呢？这得从力学上来解释。秋千是一个力学系统，它所受的外力有两个：一个是向下的重力；另一个是在悬挂点 O 作用的约束力，其方向总是沿着秋千绳。我们知道，只有在外力不断对系统作功时，秋千才会越来越高。上述两个外力，约束力作用的方向由于总是和秋千运动的方向垂直，所以是不作功的。只有重力在秋千摆动的每一个来回作功，即是由重力在做"推引"。

我们知道，人的重心在取立位时比取蹲位时要高。也就是说，按照上述荡秋千的方法，处于上升的秋千比下降的秋千重心要高，而荡秋千时，人的轴线是沿着秋千绳的。这样，作用于重心的重力在秋千上升时对悬挂点 O 的力矩就比下降时为小，所以一上一下力矩所做的总功为正。由于系统的每一来回都有能量输入，秋千便自然越荡越高了。

总归不管是哪一种方式荡秋千，都是由秋千系统所受的外力作功。或者荡高或者维持一定高度。不过，外力要对秋千作功，最重要的条件，就是外力推引要和秋千摆动的节奏相合。秋千的摆动有一个节奏，外力的推引有一个节奏，两个节奏要相合秋千才会越来越高。符合这种条件也称为共振。

图5

我们上面讨论的，是作为体育运动的秋千。其实我们经常还会遇到另外许多不同的“秋千”，即“摆”。图 5 所示的就是通常摆钟的核心部分：一个摆和擒纵轮。摆的下部是一个金属重槌 A，由一个连杆连接到悬挂点。有的工艺摆钟上干脆把摆的重槌做成一个荡秋千的女孩子。钟摆的来回摆动，恰是女孩子在“荡秋千”。只不过这个女孩子荡秋千的动力是来自一个巧妙设计的“擒纵轮”。擒纵轮 B 在发条或其他动力的驱动下，要进行顺时针转动，连接在摆上的擒纵叉 C 随着摆的摆动，使摆每一来回只允许擒纵轮转过一个齿。不过擒纵轮和擒纵叉设计得最为巧妙的是轮齿和擒纵叉端部外形，它要使齿轮每“擒纵”一次由擒纵轮的动力给摆输入少量的能量，犹如有人对秋千“推引”，使擒纵轮对摆作功。这样摆才能不断摆动，否则就会停摆。

现在我们不妨再看一种稍微不同的“秋千”。图 6 是一只机械式手表的示意图。图上右下角的那只带游丝的摆轮，当它处于平衡时，是静止不动的，而当手表上足了发条时，就来回摆动。

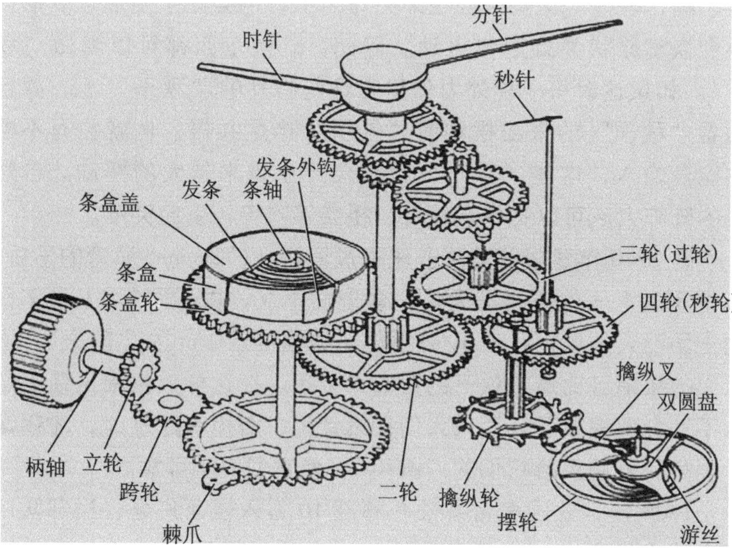

图 6

在摆动这一点上来说，它和秋千是没有本质的不同。其实秋千和摆钟的摆的摆动的区别是：荡秋千在重力作用下在平衡位置附近做摆动；而摆轮摆动的驱动力是游丝的弹力。不论是摆还是摆轮的摆动都具有等时性，所以它们都可以用来做计时器的核心部件。由于摆只能在重力作用下正常摆动，所以它的位置只能是铅垂放置，而摆轮则没有这种限制，它可以在任何姿态下正常摆动，这就是以摆为核心部件的座钟或挂钟只能放置在固定的地方，而手表可以戴在手上取各种姿态的缘故。摆轮一样有一个擒纵器，也是由擒纵轮和擒纵叉所构成的。这个擒纵器在摆轮的每一来回摆动，也是一样要给摆轮作功，以使摆轮不断摆动下去。

摆轮的摆动机理是由于摆轮受一根柔韧的可变形的游丝支撑，游丝是非常柔软的，所以摆轮的摆动幅度也十分明显。其实，一般的物体，也总是有弹性的，只不过弹性表现得没有摆轮那样明显而已，例如高楼房、高的电视塔、桅杆、电线杆、桥梁、树，等等。这些东西在外力作用下，也会产生变形，变形后也会恢复原状并且形成振动。因此，这些东西都可以看做“秋千”。如果这时有一种外力作用在这些特别的“秋千”上，并且随着“秋千”的来回摆动而“推引”产生共振，也就会有不断的能量输入，这些“秋千”也就会产生越来越大的摆动。自然界的阵阵大风可以把树、桅杆、桥梁等吹垮，引起灾难。

在1940年建成的美国一座跨过塔科马(Tacoma)海湾的吊桥，即长853.4 m的塔科马大桥，建成后不久，由于同年11月7日的一场不大的风(仅19 m/s)引起了振幅接近2 m的“颤振”，这么大的振幅可比通常秋千的摆幅大多了，在这样大振幅振荡下结构不一会便塌毁了。后来人们在设计桥、塔桅等建筑时，才逐渐学会如何躲避风给它们的“推引”，使它们安全可靠。

1808年，法国皇帝拿破仑率部10万入侵西班牙，当部队以整齐的步伐穿过一座铁索吊桥时，大桥崩塌了。1906年，俄国彼德堡附近的爱纪特桥有一队骑兵通过，连长为显示军威，命令骑兵指挥训练有素的战马以雄赳赳气昂昂的姿态步调一致前进，大桥很快上下颤动了几下，发出一声惊天巨响后坍塌了。事后科学家检查发现，是骑兵和战马训练得太好，步调与桥的振荡频率一致，发生共振，越振越强，使桥梁很快被振垮。

如果把桥的振动，看做具有一定周期的“秋千”的话，整齐的步伐就像外力对“秋千”的“推引”，结果桥的振幅会越来越大，终于塌毁。为了防止类似的事故，后来世界各国的部队在过桥时，都规定必须改为便步走，而不允许齐步。图7所示就是在英国最早的铁桥端的要求指挥官命令部队便步走的告示。

刚才说的是像塔桅、桥之类的大物体。其实小的物体在弹性变形后，一般也会形成往复变形的振动，只不过其频率要高得多。不到米粒大小的石英晶体，它的振动频率是每秒钟百万次。这样高的频率，要靠机械的办法来“推引”是办不到的。于是人们想出了用电子振荡的办法来“推引”。也就是用一个巧妙设

图 7

计的电子线路来实现摆钟上擒纵器的功能。到了 20 世纪 60 年代，利用这个办法代替了原来的摆和摆轮，造出了比原来钟表精确百倍的石英表。瞧，石英表就是秋千的一种发展。

各种各样的乐器，例如小提琴、二胡、钢琴等，都有一个共鸣箱。共鸣箱的箱体和其中的空气，也可以看做一种特别的“秋千”。它是不会自行振荡即发声的。乐器的发声部分例如钢琴或提琴的弦发出一定音调的声音，如果没有共鸣箱，只靠这根弦扰动周围的空气，我们会觉得声音很小，像蚊子叫。不过，由于向外传出的能量很小，所以响的时间很长，即每奏一个音，“蚊子”嗡嗡叫个没完。这样的“乐器”当然不符合需要。共鸣箱和通常的秋千有一个很大的不同点，是秋千只能和某种频率发生共振，而共鸣箱却可以同许许多多频率发生共振。在有共鸣箱时，发声部分首先对共鸣箱进行“推引”，很快使共鸣箱和琴弦一起振动，然后它们一起扰动空气，便有较大的声音向外传播。由于传播的能量流较大，所以每一个音符所经历的时间也要短。而这正好符合我们对乐器的要求。

人们知道，声音是空气产生振动的结果，我们为什么能够听见声音，是我们耳内有一层薄膜，称为鼓膜。声音的波动传到耳内，推引鼓膜，使鼓膜产生共振，然后再牵动附近的听神经，我们才能听到声音。看，鼓膜也是“秋千”。要使人能够检测到各种特别的波动就得要设计各种特别的“秋千”。地震仪就是检测地震波的特殊的“秋千”。

各种各样奇奇怪怪的“秋千”是举不胜举的，不过还有许多更为奇特的“秋千”。我们前面列举的，无非是摆动、振动，都是和系统的位置或形状的周期变化有关的。其实，自然界所有能和周期变化的现象产生共振的对象都可以看做“秋千”。

我们知道，电磁波是周期变化的，所以人们发明了电磁波的接受器和放大器，这些接受器和放大器都可以看做精细设计的荡“秋千”的装置。我们每天看电视、听广播、打电话、发电报，每一个环节都在和这种“电磁秋千”打交道。

光线是一种特殊的电磁波，原子内的电子做跃迁时也要以一定频率放出能量，要检测或放大它们，就要精细地设计能和这些频率可以共振的特殊装置。正是在这种思考的指引下，人们造出了照射强度为地球上太阳光亮度 10^{10} 倍、其粗细仅 1 μm 直径的激光，最近人们造出了一亿年误差不超过 1 s 的原子钟，等等。由于这些新的利用共振原理是非常精细和奇特的，所以在 20 世纪中，有不少的基于共振原理的发现和发明获得了诺贝尔奖。

人类社会前进了，科学技术发展了，可是在许许多多新技术、高技术中却包含着人类最早、最朴素的认识。看到以上这形形色色的“秋千”之后，你会觉得“万变不离其宗”，确实如此。

刊登于《力学与实践》，2003，25(2)：75-78.

19 Chapter

从麻脸的高尔夫球谈起

——流体中运动物体的阻力和升力

1. 高尔夫球

你可曾想到，现今世界上流行的各种球类运动中，高尔夫球的年龄最老，当有五、六百年的历史。它最早流行于英国，在1457年苏格兰议会文件中就有高尔夫球一词，至1608年(另一说是1787年)英国成立了第一个高尔夫球俱乐部。1896年中国上海成立了高尔夫球俱乐部。其他球类如现在的足球开始于1863年，排球、篮球开始于19世纪末的美国，都是它的小弟弟。

其实，考证起来，高尔夫球的起源还要早。它起源于中国的捶丸。据元代成书的《丸经》的序中所述，捶丸大约成熟于北宋的宋徽宗当政时(1101—1125)。捶丸是“场上设窝，以杖击球，球子入窝为胜，胜则得筹”。现在的高尔夫球和捶丸有许多共同之点。中国的捶丸起于宋，盛于元、明，到清朝就渐渐没有人玩了。

目前，高尔夫球是相当普及的。全世界花在高尔夫球上的经费估计每年约有130亿美元，用在维护和开辟球场，生产球和击球杆以及相应的其他用品上。现在高尔夫球的打法是，根据规则连续击球，把球送入穴中。一场球需进 18 穴。大多高尔夫球场设 18 穴，有的球场只有九穴，则在一场内需进两遍。以击球次数少者为胜。现今高尔夫球重 43.94 g，直径 4.27 cm。标准的 18 穴球场长 6 500~7 000 码(每码合 0.914 m)。穴间距离 100~600 码不等。由于穴的距离较大，为了以较少的击球次数取得优胜，还是要求有相当的击球技巧的。好的击球手，一次击球(一杆子)可以把球击出 200 多米远(图 1)。

图 1　高尔夫球员在击球

考查高尔夫球的历史，最早是用木制的，中国的捶丸的“丸”或“俅”是用“瘿木”，即木疙瘩制成。后来，西方改用皮革内充以羽毛来缝制。不过这种球有一个大缺点，就是当球被打入水中、或被露水粘湿时，重量变化很大。到 1845 年开始改用橡胶或塑胶压制而成的光滑圆球。这种球优点是不会因为被水湿了而大大加重，但是却又出现了一个大问题。这就是击球后，球飞行的距离大为缩短。

原来的皮革球，比较粗糙，飞行得较远。为什么表面光滑了，飞行反而近了呢。这里面大有学问。这也就是为什么现在的高尔夫球外面不是光滑的而是麻脸的原因吧。

2. 高尔夫球为什么是麻脸的

高尔夫球为什么是麻脸的(图 2)？说来话长。

物体或高尔夫球在空气中飞行，最早空气被想象为没有黏性的，或者说是没有摩擦的。这时流过物体表面的流体质点和物体表面质点的速度可以不同，它们之间有正压力但没有切向力。这就好像把重物体在另一物体的水平面上拖着走时没有阻力一样。人们把这种没有黏性的流体称为理想流体。按理说，在理想流体中飞行的物体是没有阻力的，在地面上的抛体，即使是抛一根稻草，它的飞行距离可以和扔石头一样远。不过这和实际观察到的现象完全不符合，物体在空气中飞行时的阻力是绝对不可忽略的。最早认识到这个矛盾的是法国学者达朗贝尔(J.R.d'Alembert,1717—1783)，所以这个矛盾也被称为“达朗伯尔佯谬”。

图 2 高尔夫球

最早给出流体黏性摩阻实验探讨的是法国学者马略特(E. Mariotte,1620—1684)，后来为适应造船工业的需要，法国组织了系统的关于流体阻力的实验所。在理论上真正弄清楚这个问题，一直得到 19 世纪的中叶，先后由法国的纳维(1820)和英国的斯托克斯(1845)导出了黏性流体的运动方程，人们才开始理解流体摩阻的存在。

不过流体作用在运动物体上的阻力还要复杂一些，除了上面的这种由流体的黏性引起的阻力外，还有一种由于流场改变所产生的阻力。而且在物体运动速度较快时，这种阻力会占阻力的大部分。原来当物体快速飞行时，在物体前面和后面的产生了很大的压差，即前面的压力大，后面的压力小。

图 3 所示表示高尔夫球往左边飞行。周围带箭头的线表示球附近的空气分子的流动轨迹。图 3a 表示球飞行的速度慢，图 3b 表示飞行的速度快。在图 3a 上由于球的速度慢，所以球附近的

流体分子基本上是贴着球面流动的，这时球所受的阻力基本上是由流体的黏性阻力组成。在图 3b 上，由于球飞行得快，在球的后面形成了对称的漩涡，在球附近的流体分子贴着球走一段后，就脱离球面，这种现象也称为边界层分离。边界层分离总是和漩涡同时产生的。我们知道在漩涡的中心流体的压力是小的，这一点会游泳的人有很深的体会，游到漩涡边上，由于漩涡中心的压力小，人会被吸进漩涡中去，那是十分危险的。球后面是中心压力很小的漩涡，而球前面的压力是较大的，由于这个压力差，球就受一个很大的阻力。一般说来，球的飞行速度越大，边界层的分离就越早，在球的后面形成的漩涡区也就越大，这种压差所形成的阻力也越大。从根本上说，飞行的球所以产生边界层分离的现象也是由于流体有黏性的缘故。

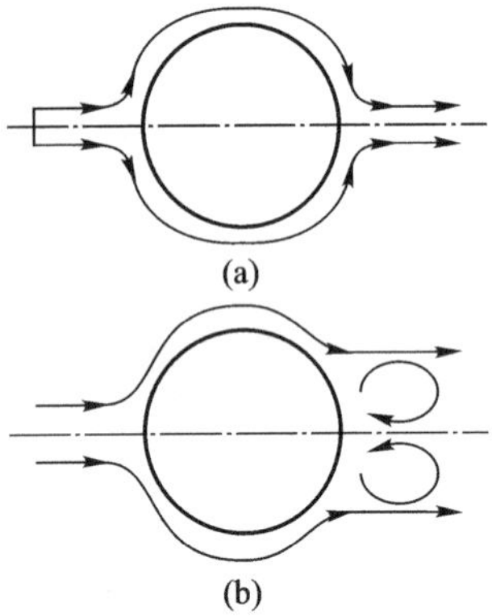

图 3　飞行中的高尔夫球示意

光滑的球由于这种边界层分离得早，形成的前后压差阻力就很大，所以高尔夫球在由皮革改用塑胶后飞行距离便大大缩短了。为此人们不得不把高尔夫球做成麻脸的，即表面布满了圆形的小坑。

麻脸的高尔夫球有小坑，飞行时小坑附近产生了一些小的漩涡，由于这些小漩涡的吸力，高尔夫球表面附近的流体分子被漩涡吸引，边界层的分离点就推后许多。这时，在高尔夫球后面所形成的大漩涡区便比光滑的球所形成的漩涡区小很多，从而使得前后压差所形成的阻力大为减小(图 4)。实际上，对光滑的高尔夫球，一杆子最多飞行数十米，而麻脸的高尔夫球一杆子可以飞行二百多米。可见高尔夫球麻脸的减阻效果是非常明显的。

说到这里，人们自然会问，把机翼、船体等在流体中前进的物体都做成麻脸的，是不是都可以减少阻力、节约能源呢？机翼和船体不可能像高尔夫球一样设计为球形的，在设计时必须采取其他的措施来减小阻力。实际上，机翼和船体在设计时都已经考虑到减小边界层分离所形成的阻力。为了尽可能缩小机翼和船体后面的漩涡区，机翼和船体的剖面做成了前缘较钝而后缘较尖的翼剖面，即所谓流线型剖面。具有流线型剖面的物体前进时，边界层大致是在翼的后缘分离，漩涡区是很小的。所以阻力也是很小的。这时，光滑的翼面还有减小翼面附近黏性阻力的效果。这就是为什么在空气中高速前进的物体大都是翼剖面形的缘故。自然界里，大部分鱼的形状也是翼剖面形状的。高尔夫球的形状因为只能是球形的，没有其他选择，所以只有采用麻脸的方案是唯一的减少边界层分离所造成阻力的办法。

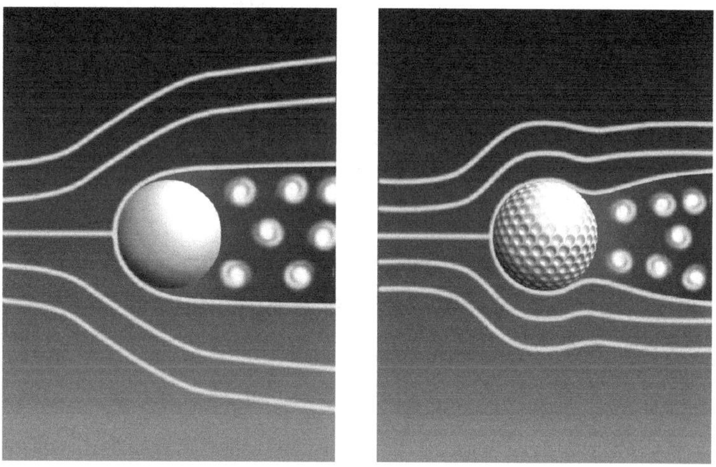

图 4

据说最早发现麻脸的高尔夫球飞得远的事实是苏格兰的一位教师，到 1930 年麻脸的高尔夫球就被接受作为正式的标准。

3. 旋转前进的球所受的横向力

现在让我们考虑一只以一定速度前进的球，这个球一方面前进，同时还绕水平且垂直于前进方向的轴作旋转。如图 5b 所示，球的上表面相对流速较大，下表面相对流速较小。按照流体力学中大家都熟悉的伯努利定律，沿着一根流线，速度大的地方压力小速度小的地方压力大。就是说 b 球的上表面压力小下表面压力大，在这个压力差下球 b 受一个向上的力，所以它在飞行中有一个上飘的趋势。同样的道理，球 a 受一个向下的力，所以它在飞行中有一个向下沉的趋势。

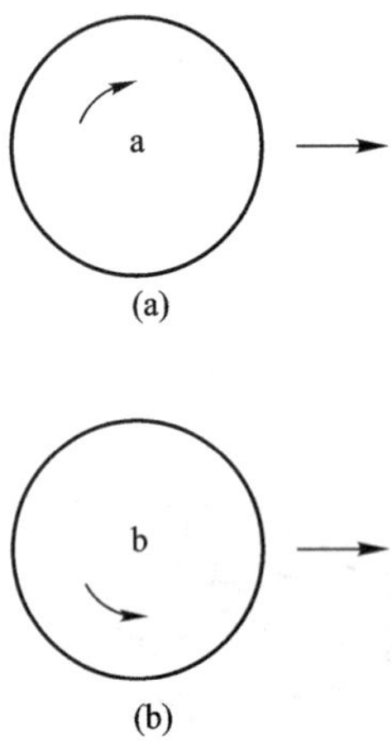

图 5　旋转的高尔夫球

如果用你的左手食指表示物体飞行的方向，用中指表示物体旋转轴的方向(以右手螺旋为正)，那么当你把食指、中指和拇指摆成互相程直角的姿态时，你的拇指就表示物体受力的方向。按照这个办法，我们就可以很容易地确定旋转的飞行物体的受力。

前进中的旋转物体受一个垂直于前进方向的力，这种现象最早是 19 世纪由德国物理学家马格努斯发现的，所以人们一直称它为马格努斯效应。当时并不是首先在高尔夫球的飞行中观察到的，而是在炮弹的飞行中观察到的。所以马格努斯效应起先在炮兵中是非常熟悉的。

19 世纪，人们为了使炮弹在飞行时保持发射时的位相，为此在炮膛内增加了来复线，即一种螺旋形的刻槽，这样，炮弹离开炮膛后就形成一个绕炮膛为轴的高速旋转体，由于高速旋转的物体有保持原有方向的性质，整个炮弹在飞行中便会保持原来的方向不变。可是这样一来就产生了一个附加的问题，当射击遇到侧面来的风时，炮弹除了受风的作用发生偏移外，还由于旋转和风的共同作用发生射程上的偏远或偏近。设炮弹沿前进的方向作顺时针旋转，这时左边来的风加大射程，右边来的风缩短射程，就是由于这种风在炮弹上产生向上或向下的附加力作用的缘故。仔细观察，还会发现即使在无风的条件下，高速旋转的炮弹也会有向左或向右的偏移(视炮弹逆或顺时针旋转而定)，这是因为炮弹在重力场作用下的下落相当于受到一个向上的风的作用。

利用上面所说的旋转物体受力的原理，在球类运动中会发展出许多技巧和花样。在乒乓球中有弧圈球、上旋球、侧旋球、下旋球的技巧；在网球中有削球的技巧；在高尔夫球中有所谓上击球和下击球的技巧；在排球中有发飘球和拐弯球的技巧；在足球中有所谓的香蕉球，这是一种在空中拐弯的怪球，发角球的球员，可以从角点发球直接将球射入对方的球门内。

4. 升力

最早给高尔夫球的运动从流体力学的角度进行严格实验和分析的是英国爱丁堡大学的自然哲学教授泰特(P. G. Tait, 1831—1901)(图 6)。他从 1778 年开始系统地进行高尔夫球运动的实验，并且就“球状抛体的飞行路径”为题在 1893 年和 1896 年分别发表了两篇论文，系统阐述了他对高尔夫球在旋转和空气阻力下的路径的理论结果。泰特和他的次子都非常喜爱高尔夫运动，泰特次子在业余高尔夫运动中还玩得很有水平。高尔夫球，在旋转时，会往上“飘”或会往下“钻”，

图 6　泰特像

就是由于流体对高尔夫球的作用力的缘故。

人类最早的飞行是从利用空气的浮力开始的。气球、热气球、飞艇等都是利用比重比空气小的气体所受的静止条件下的浮力起飞的。浮力的原理比较简单，古希腊的阿基米德就已经研究清楚了。利用浮力的飞行，又慢又不安全。所以后来就渐渐被飞机代替了。

前面说的当球旋转前进时所受的力，当我们的情形是图上球b时，其实就是升力，即一种使物体垂直向上的力。升力的发现是非常重要的，它其实构成了航空飞行的基础。就是说飞机的起飞是基于运动的物体所受升力的原理来设计的。

作为飞机的机翼当然不能做成像前面所说的球形，也不能是圆柱形。因此就要求研究一般的一个物体所受的升力问题。为了解决这个问题，人们建造了风洞。它是一种把物体支撑在风洞中不动，然后利用动力使风洞中流过适当速度的气流，在这种条件下去研究物体上所受的力。许多人进行过对机翼模型在风洞中的大量实验，来选择阻力最小的翼型。最早从理论上解决的是对于任意横截面形状的柱体所受的升力问题。在20世纪初，俄罗斯力学家儒科夫斯基奠定了二维机翼理论的基础。所谓二维机翼理论是设流体的流动每一点的速度都是与一个给定的平面平行的，还设被看做机翼的无限长柱体是垂直于这个平面的。他的结论是：任何横截面的柱形物体，设在密度为ρ的流体中运动的速度为U，并且在它的周围存在着数量等于Γ的环流，则在柱形物体的单位长度上的作用力等于$\rho U\Gamma$。这是一个同实验结果相符合的理论结果。这个作用力的方向如同我们前面规定的左手法则，只不过食指指向圆柱运动的方向，环流的正方向应当取为逆时针为正。

所谓环流是取一根包围物体的闭曲线，把曲线分为小段，将曲线段上沿曲线切线方向的流体速度分量的平均值乘以曲线段的弧长，然后逐段相加，结果就是环流量。我们看到环流量的正方向正好和前面说的球的旋转方向相同。

好了，只有对于任意形状的物体的阻力和升力研究清楚了，我们才对在空气中运动物体的认识达到了自由。也正是伴随着这种认识上的自由，人们才不断取得把高尔夫球打得更远、会打各种拐弯前进的球、会使炮弹射得更准、会使飞机飞起来等的自由。

1903 年，美国的莱特兄弟成功地完成了人类历史上第一次飞行试验，迄今 100 余年了，在这 100 余年的过程中，人们对飞机的每一次重大改进，大都是和对升力、阻力的研究密切相关的。不过其中的奥妙，还是和高尔夫球为什么是麻脸的道理密切相关的。

迄今，人们对在空气中运动物体的升力和阻力的认识还不能说是尽善尽美。人们还是在为在各种速度下，在各种空气密度的条件下，在各种温度下飞行的物体减小阻力而奋斗。有关这方面的学问就是空气动力学。

发表于《力学与实践》，2005，27(5)：88-92.

飞盘是怎样飞行的?

20
Chapter

飞盘是一种老少咸宜的运动，它20世纪50年代在美国首先流行，随后到20世纪80年代也在国内流行开来。如图1所示，就是两位游览者在长城上投掷飞盘的留影。玩飞盘的方式也很多，有投远、飞盘高尔夫、投准等不同玩法，还可以训练狗，由人和狗同玩，图2就是一只狗在接飞盘时的优美姿势。

图1　投掷飞盘

飞盘发展史，要追溯至大约一百年前，坐落在美国东部康涅狄克州耶鲁大学校园附近，有一家名叫 FRISBIE（Frisbie Baking Company，1871—1958）的饼（他们称之为 pie）专卖店，用一次性的锡箔盘（实际是铝箔盘）把饼烙好，连盘卖给学生们，大约每人一餐一饼。淘气的学生们吃完了饼，总喜欢相互投掷锡箔盘作为娱乐。于是人们就把这种盘称为 FRISBIE。

图 2　接飞盘的狗

20 世纪 40 年代末，加州洛杉矶一位建筑检察官佛雷德·摩里逊（Walter Frederick Morrison）看到这种情形，便想为何不把盘形加以修改，使之利于飞行，于是他用金属制作了许多圆盘，但金属做的圆盘飞行不十分理想，后来和他的合作者威廉·范休尼（Warren Franscioni）改用塑料制成了早期的飞盘。1955 年他将飞盘发明的专利卖给了 WHAM－O 公司，而后 WHAM－O 公司又以摩里逊所创的飞盘形式为基础，研究改良出新的形式而将其命名为 FLYING SAUCER 制造上市，可是推出后还是不理想。

直到 1959 年 WHAM－O 公司将飞盘改名为近似原糕饼店 FRISBIE 之名的 FRISBEE，且正式注册为商标名，而 WHAM－O 公司的副总经理艾德·黑德利克（Ed Headrick），对飞盘作了一系列改进，使外形更符合空气动力学原理，投掷时飞得更远。此外，为使盘成为一种竞技的运动，首先成立国际飞盘运动协会，并依会员的技术水准订定了入门级、专家级、高手级、世界级，从此飞盘运动才风靡世界。所以飞盘运动的普及应当从 1960 年算起。

说到飞盘，令人想起一项古老的投掷运动——铁饼。图 3 的这尊《掷铁饼者》雕塑，是古希腊雕塑家米隆的作品，米隆的活动时期大约在公元前 480—公元前 440 年，可见铁饼这项运动早在公元前 5 世纪就已经很流行了。至今它还是奥运会田赛的重要项目。

图 3　掷铁饼者(希腊)米隆

飞盘和铁饼的形状虽然都是圆盘形的，但却有许多不同点。其最根本的区别是，铁饼的重量很大，男子铁饼重 2 000 g，女子铁饼也要重 1 000 g。而飞盘的重量轻重不等，轻的只有 10 g 左右，而重的也只有 180 g，不到铁饼的十分之一；它们的直径也大小不一，其范围在 10~28 cm 之间。

由于飞盘与铁饼的重量不同，在投掷时它们在空中的飞行也很不同。铁饼所受的空气动力比起重力来说，很小，所以投掷后的运动轨迹基本上是抛物线。投掷的远近主要依赖于铁饼出手时的初速度。所以铁饼运动基本上是一项较量臂力的竞技运动。飞盘就不同了，它的自重很小，相比起来，飞行时所受的空气动力就占了一个很大的比例，所以飞行时的运动比起铁饼要复杂多了。

也许你想，由于铁饼与飞盘的重量相比，有点像石块和稻草，所以铁饼投掷得远，而飞盘不会太远。其实不然，男子铁饼的世界纪录是 1986 年由德国运动员创造的 74. 08 m，女子铁饼世界纪录是也是德国运动员 1988 年创造的 76. 80 m，而飞盘投掷的世界记录却要超过 250 m。

飞盘飞得远的道理，是由于飞盘的截面大致和飞机机翼的截面相同，所以在飞行时受一个相当可观的向上的空气动力，这个力向上托着飞盘抵消了大部分重力，使它能飞行较长的时间。图4上面表示飞盘正确的飞行姿态。在正确姿态飞行时，飞盘的尾部有较小的湍流区，如果倒过来飞行，湍流区会增大，湍流区增大了，飞行的阻力也就随之而增大，飞盘就飞不远了。

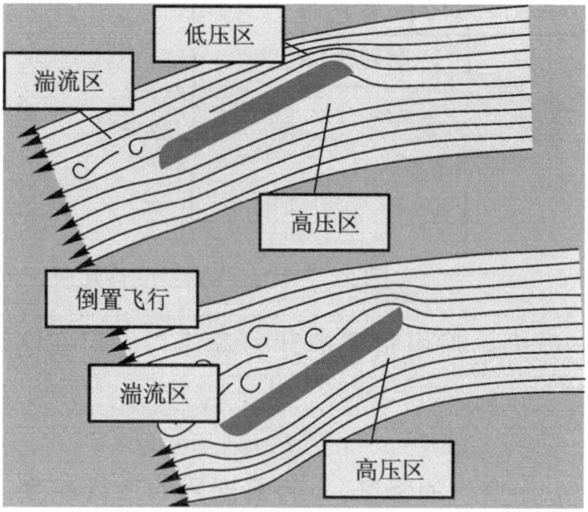

图4　飞盘的正确飞行

为了使飞盘飞行时始终保持正确的飞行姿态，还要注意投掷时要让它旋转起来。由于高速旋转的物体有保持旋转轴不变的特性，旋转起来的飞盘飞行时就始终有一个向上的空气动力托着。图5上面一行表示没有旋转的飞盘，在飞行时会翻跟头，而下面一行表示旋转的飞盘飞行时是稳定的。细心的读者会注意到人们在投掷铁饼时也要让它旋转，也是为了防止它飞行时翻跟头。我们知道，飞行中的物体如果不断翻跟头，就不能保证阻力最小和升力最大的姿态。结果会增加阻力、减小升力，从而大大缩短投掷的距离。

为了更具体地说明飞盘飞行时所受的升力，设想沿飞盘飞行的方向把飞盘剖开，取相邻的两个剖面所形成的一个窄条来考虑

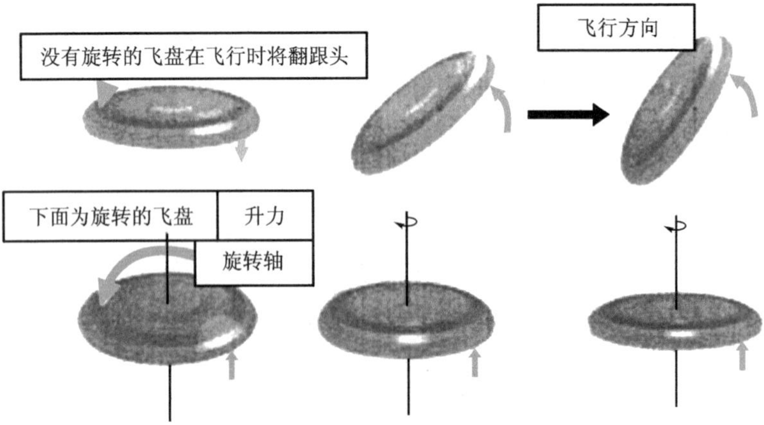

图5　为什么飞盘要旋转起来

所受的升力。按照机翼的升力理论，作用在这个窄条上的升力 f 为

$$f=c\rho v^2\sin\alpha$$

式中　ρ 为空气的密度，v 为翼剖面的飞行速度，α 为迎风角（亦称攻角），c 为系数。

由于飞盘飞行时是旋转前进的，飞盘上如上剖出的窄条相对于空气的速度也有变化。

图6所示飞行的飞盘，在所示的飞行方向和旋转方向条件下，A侧相对于空气的速度大，B侧速度小。于是，沿飞行方向把飞盘划分为许多窄条，每个窄条相对空气的速度是不同的。根据升力的公式，作用在这些窄条上的升力也是不同的。把作用在许多窄条上的升力合起来，我们可以得到一个作用在飞盘中心的总的升力 $\boldsymbol{F}$ 和一个使飞盘绕飞行方向旋转的力矩 $\boldsymbol{M}$。而且从以上分析可以看出，飞盘飞行时旋转得愈快力矩 $\boldsymbol{M}$ 便愈大。

我们知道，高速旋转的物体在受到一个力矩时，它的旋转轴会倾斜。高速旋转的飞盘在力矩 $\boldsymbol{M}$ 的作用下也会倾斜。这倾斜的结果，就是增大飞盘的攻角 α，而增大 α 的直接结果就是增大

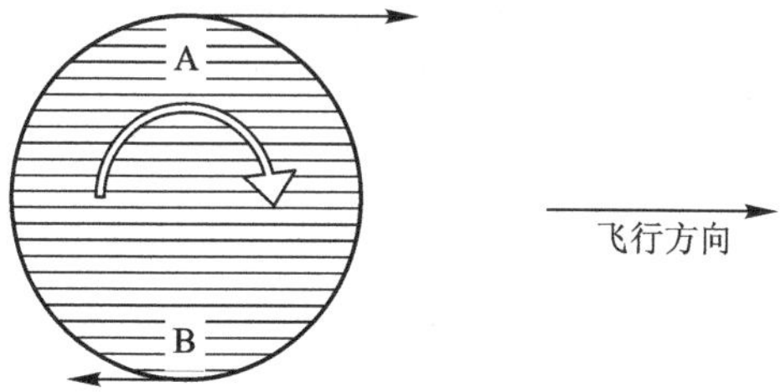

图6　旋转前进的飞盘

作用在飞盘上的升力。由此，当飞盘出手时，只要有一个相当大的初始旋转角速度，在飞行中，由于力矩 M 的作用，飞盘的攻角会缓慢地增大。于是，在整个飞行过程中，一方面由于空气阻力的作用飞盘的飞行速度逐渐减慢，速度慢了，升力就随之而减小；另一方面由于力矩 M 的作用增大攻角，随之而升力增大。总之，升力可以较长时间内保持足够大。这就是飞盘飞得远的道理。所以，你看到的飞盘在空中的飞行轨迹，不是抛物线，而基本上是水平飞行。如果你能够适当调节飞盘出手时的速度和旋转速度，你还会看到飞盘会在空中先下降后上升的飞行轨迹。而且，飞盘在贴近地面飞行时，由于地面的影响，飞盘所受的升力比在高空时为大，所以飞盘可以贴着地面飞行很长的距离。熟练的飞盘投掷者还可以投出在空中拐弯飞行和先向下飞后向上飞的飞盘。

讨论完飞盘的飞行后，我们再来讨论飞盘的形状。你也许会问，飞盘为什么要有一个边缘，如果投掷一块圆形的板，不是也会有同样的效果么？不然，如果没有适当高的边缘，飞盘飞行的稳定性不好。原因是，在攻角为零度附近时，升力对攻角的变化过分敏感，这时，攻角的任何微小变化，升力就可以由正变为负，或由负变为正。这时，飞盘在空中的运动就会像树叶一样飘忽不定。

图7所示是一个典型的飞盘的剖面，图中只画出了对称飞盘的一半。盘的边缘比较厚，这样在飞盘旋转时可以获得较大的转

动惯量。较大转动惯量的飞盘在空气黏性阻力下，角速度减小得比较慢。盘的顶部有一道棱，是为了在飞行时，增加局部湍流，这种湍流可以减缓空气边界层脱离，从而大大缩小后面的湍流区，由此使飞盘的飞行阻力大为减小。

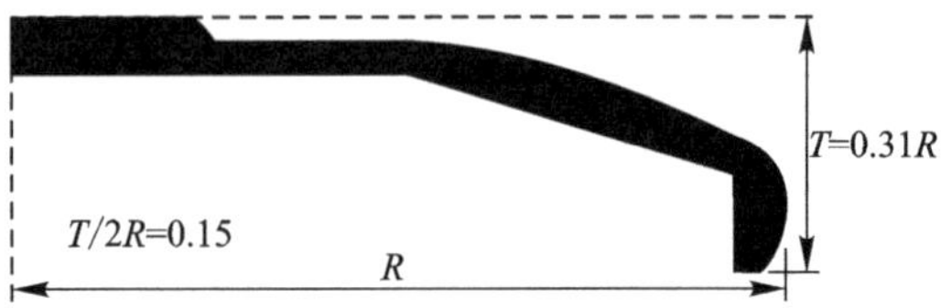

图7　飞盘的剖面

现今飞盘的形状，是经过多年来的认真研究和不断改进的结果。这项研究，不仅受到体育爱好者的注意，还受到军事方面和科学技术界的注意。例如，1968 年美国海军就曾经投资大约 40 万美元，开展飞盘的风洞实验研究。旋转的飞盘被安装在风洞里，鼓风机吹来给定的均匀速度的风，各种仪表记录下飞盘所受的升力和阻力。此外还配合用计算机模拟飞盘的飞行，用高速摄影机跟踪实际飞行的飞盘等现代研究手段。为了准确地研究飞盘的初始速度和初始旋转角速度对飞盘飞行的影响，他们还研究制造了专门的飞盘发射机。在科学期刊上可以检索到不少对飞盘研究的论文，甚至还有不少专著出版。其实，人们所以如此关心飞盘的研究，除了关心它的技术和军事应用前景外，还可以丰富旋转物体的空气动力学的内容。

综上所述，飞盘的投掷不仅是一项有益于青少年身心健康的体育活动，也是一项饶有趣味的科技普及活动。通过它，人们不仅可以锻炼身体，还可以学习抛体运动规律、刚体的陀螺运动规律、运动物体所受的空气动力(升力和阻力)，从而为进入现代科学技术打下基础。

21 Chapter 飞去来器为什么会飞回来?

1. 引言

扔出去的东西，走的是近似抛物线。这是从远古起，人类经过日积月累的观察所得到的经验。到了 17 世纪，意大利人伽利略(Galilei Galileo,1564—1642)才彻底弄清楚自由抛体的运动轨迹确实是一条准确的抛物线。

然而，也是从远古起，人们却创造了一种奇特的东西，当人们把它扔出去后，它却会在空中飞行一圈后，又回到你的脚下。如果你扔的方位和速度合适，还会回到你的手上。这就是“飞去来器”，或称“回旋镖”、“回旋器”。

飞去来器在西方称为 boomerang，意思是飞出去又回来。

一般认为飞去来器，最早是澳大利亚的土著人打猎所用的工具。澳大利亚考古发现在 30 000 年前，至迟在 15 000 年以前，在岩洞里土著人的岩画上，就表现了飞去来器(图 1)。不过在世界的其他地方，在欧洲、非洲、亚洲，也都有飞去来器的考古发现。飞去来器在中国的古代就有，1979 年，在江苏海安县青墩新石器时代文化遗址的墓葬中，南京博物院的考古工作者曾发掘

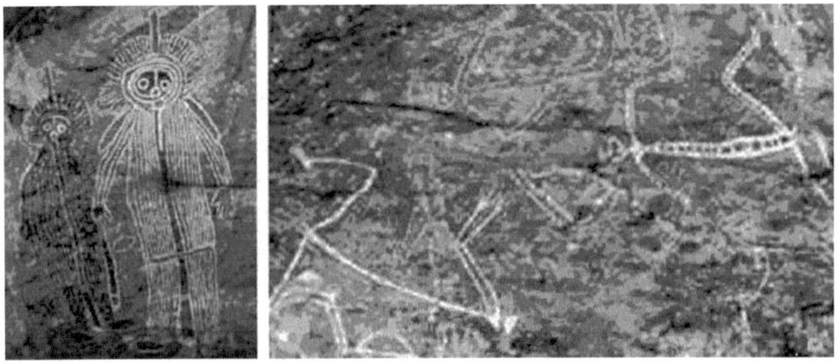

图 1　澳洲有关飞去来器的岩画

到 6 件飞去来器，其中有 4 件整齐地叠在一起，作为随葬品。至今中国在杂技表演和内蒙的那达慕大会上还有飞去来器的表演。

飞去来器的形状各式各样，早期是曲尺形，后来发展出现了各种不同的飞去来器，有三叶的、四叶的(即十字形的)、六叶的、多叶的和 Ω 形的(图 2)。而且从原始人的打猎工具变成现今

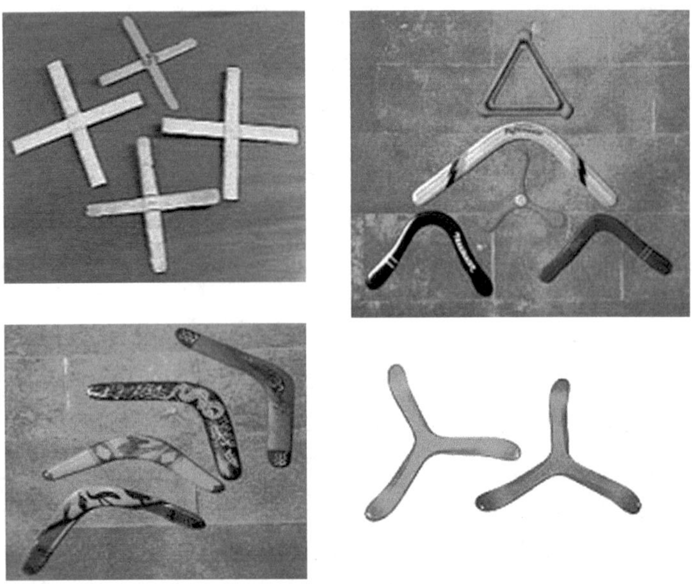

图 2　形形色色的飞去来器

普遍受欢迎的体育活动。

目前，世界上有数十个国家有飞去来器协会，这些组织从事制造、研究改进、组织比赛等活动。

1996 年 9 月 15 日，2000 年在悉尼举办的奥运会会徽正式被推出。会徽图案上方用飞去来器组成一个举着奥运会火炬奔跑的运动员形象(图 3)。这个会徽向世人宣告，飞去来器是澳大利亚的一种国粹。

图 3　2000 年悉尼奥运会的会徽

事实上，飞去来器的构造虽然很简单，而它的飞行原理却不是显而易见的，要使飞去来器能够很好地飞回来，不仅在制作上要遵循一定的原则，在投掷的时候还要有一定的技巧。这些原则和技巧涉及物体的惯性运动、牛顿运动定律、流体力学、刚体的回转运动等多方面的科学知识，根据这些原理，在制作上对它的重量、转动惯量、翼剖面的形状都要认真考虑；在放飞时又要认真把握初始投掷方向角度、初始速度、初始旋转角速度，还要考虑风速和气温的不同作修正。因而它又是在青少年中开展科学普及活动的很好的课题。

2. 自己动手做一只飞去来器

动手制作飞去来器，可以从最简单的做起。

找一张尺寸大约为 8 cm 见方的硬纸片，普通的卡片纸或商品包装用的纸片就可以，也可以用较薄的塑料片或赛璐珞片。然后用剪刀把它剪成飞去来器的形状，为了保证剪得规整，可以事先在纸片上画好飞去来器的外形，再依画线去剪。

现在进入制作的最后一道“工序”，用左手的食指和拇指捏住飞去来器的中心，用右手的食指和拇指捏住飞去来器的叶的根部沿逆时针方向旋转轻轻一捋，使每一叶都产生一个小的扭角。注意，这个扭角不能过大，否则空气的阻力就会过大，飞去来器就飞不回来。

放飞时，用左手的食指和拇指轻轻捏住飞去来器的一叶，用右手的食指去弹另一叶把飞去来器弹出去(图4)。你试着以不同的力量，不同的角度去弹，一般总能使飞去来器飞回到你的手上。如果还不行，就要调整一下叶片的扭角再试。

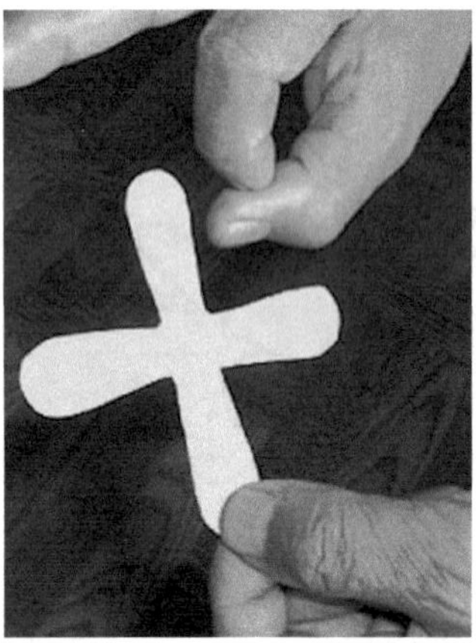

图4　小飞去来器的放飞

这种飞去来器的优点是材料容易找到、制作简单、放飞容易，也比较安全，不会打伤人。

简单的飞去来器玩熟练了以后，下一步就可以做较复杂的飞去来器了。这种飞去来器是用木头做的，尺寸较大，可以在户外的广场上投掷。现在介绍的是一种最容易做的由两块木板组成的十字形的飞去来器。

找两块比较轻的长宽厚为300 mm×30 mm×3 mm的木板，普通松木或杨柳木都行。

如图5a所示，先将每一块板定好中心，然后沿距边界约五分之一宽度的地方画两条与边界平行的线。这两条线相对于中心是反对称的，这种画法对应你将来投掷飞去来器是用右手，如果你投掷时是左手，线就应当画在离对边近的地方。

线画好后，就可以动手加工。加工的要求是把两块板的剖面各处都削成图5b所示的形状，在切削时，要保证事先画好的平行线不被削去。切削的工具可以用锋利的小刀，也可以用木锉。在形状基本削好后，可以用砂皮纸抛光，也可以用破磁片或玻璃片刮削抛光。

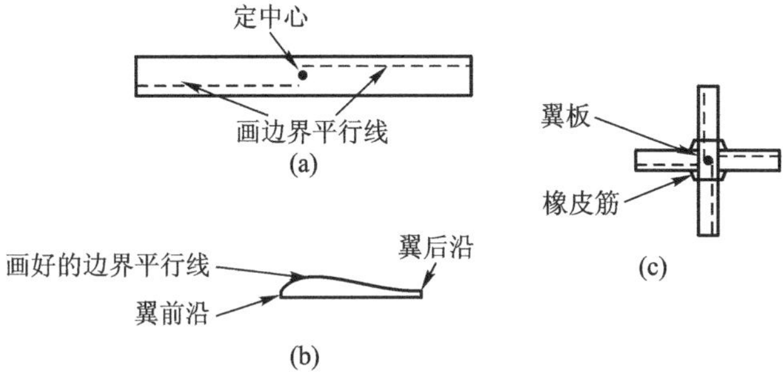

图 5　十字形飞去来器的制作

经过加工好的两块板，按图 5c 所示，用橡皮筋绑成十字形。这样，我们的飞去来器就做好了。

对于其他形式的飞去来器，也和上面类似，如图 6 所示是一个曲尺形的飞去来器。对这种飞去来器，事先选择木材的纹理非常重要，否则落地时容易摔裂。所以一般选择原来就是弯曲的木棍来加工，或者要选择密实而又质地轻的木板，用锯子锯下来。在切削之前也要先画好线，在图 6 上飞去来器涂黑的部分就是翼剖面的前沿。

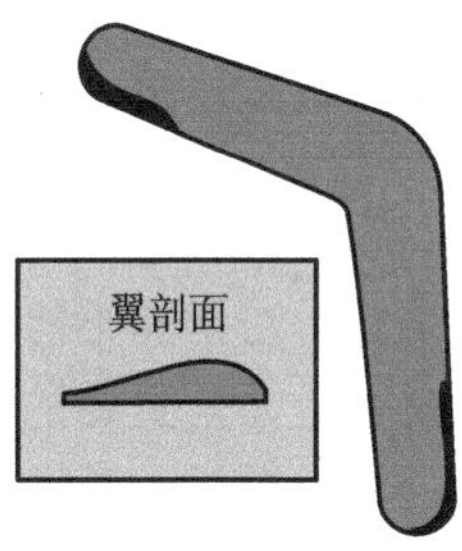

图 6　曲尺形的飞去来器

3. 怎样投掷飞去来器

投掷飞去来器的要领非常简单。

第一，投掷时要让它旋转起来。旋转的方向应当是使飞去来器的翼前沿在前，后沿在后。正确的姿势应当是首先用右手的食指和拇指如图 7 所示那样捏住飞去来器的一叶，并且要使叶前沿向着手心。对于较大的飞去来器，可以如图 8 所示用右手握住一叶。捏和握都不可过紧，以便在适当的瞬间放出。在投掷时出手的瞬间，手腕要旋转一下，以便飞去来器在飞行时旋转起来。对于飞去来器能不能飞回来，出手的速度和旋转角速度是很重要的因素。

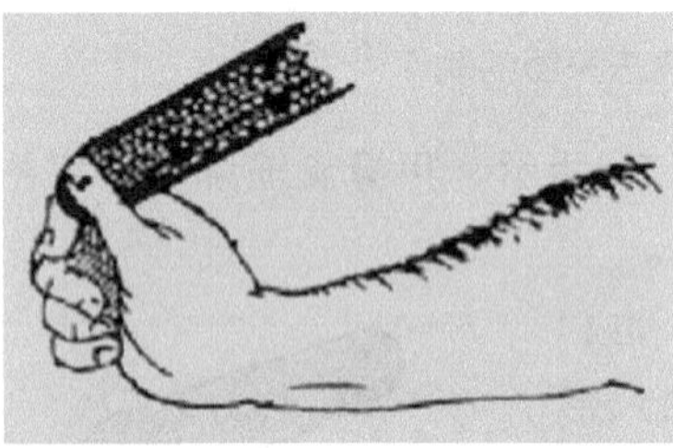

图 7　正确的捏持姿势

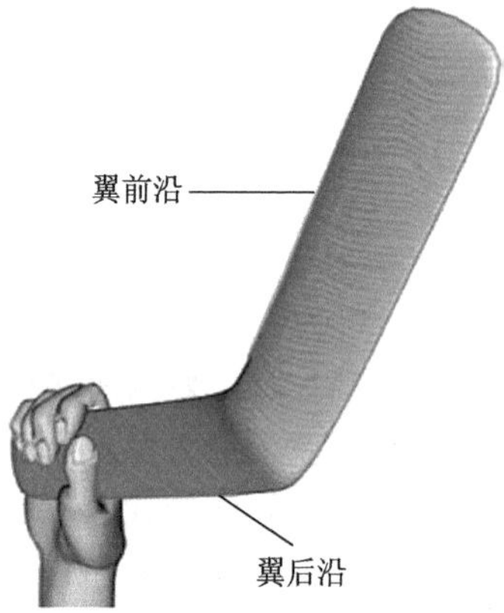

图 8　较大飞去来器的手持姿势

第二，对于能不能顺利飞回来，飞去来器的出手时旋转平面的倾角也是非常重要的。这个倾角应当同飞去来器的自重和旋转惯量的大小有关，所以它不是不变的。有经验的人试验几次便可以找到合适的倾角。大致是，对于较轻的飞去来器，出手时旋转平面的倾角要大，即飞去来器的旋转平面几乎垂直于水平面，对于较重的飞去来器，倾角可以小些。

第三，出手时飞去来器运动方向会对它的返回有一定影响。一般要使飞去来器的初始运动方向略微向上，即有一个向上的仰角。

总之，这要靠试验来确定。如果经过反复试验调整出手倾角角度、初始运动的仰角和旋转角速度，飞去来器还不能顺利飞回来，就要考虑你的飞去来器是不是做得合乎要求了。

最后，投掷的安全也是一个值得注意的问题，较大的飞去来器不仅能够打破房屋的玻璃，还会打伤人。所以投掷飞去来器一定要到空旷的地方。如果有好多人同时玩飞去来器，则要安排得有秩序，一人投完再由另一人投，不能乱投一阵。

4. 飞去来器为什么会飞回来？

为了回答这个问题，我们把它分成几个小问题来讨论。把每一个小问题都弄清楚了，整个问题也就清楚了。

首先，飞去来器要飞回来，它在空中非得拐弯不行。要拐弯就必然要在飞行中受和前进方向垂直的力。这种力有两种，一种是铅直向下的重力，另一种就是旋转的飞去来器所受到的和旋转平面垂直的空气动力。重力比较简单，在它作用下，如果没有空气动力的作用，飞去来器总是要按照抛物线的运动规律落地的。空气动力比较复杂，下面我们就着重来讨论它。

所谓飞去来器所受的空气动力，实际上就是升力。我们把飞去来器的翼剖面所以做成图 5b 的样子，就是为了在它飞行时获得最大的升力，而把阻力减到最小。我们知道，普通飞机的机翼剖面也是图 5b 的形状，这种剖面的物体只要在空气中有一个相对空气的运动速度，就会受到一个与机翼垂直的升力，飞机所以能够飞起来靠的就是这种升力。

更仔细的研究便会发现当机翼运动时，作用在某个剖面上的升力的大小是和该剖面处运动的速度有关的。速度大时升力大，速度小时升力小。准确地说，升力是和速度的平方成正比例。

根据上面的分析，既然飞去来器飞行时是一边前进一边旋转的，所以飞去来器上各处的速度是有很大不同的，因而各处所受的单位面积上的升力也有很大的不同。如图 9 所示最左面的图所示，从上面看飞去来器，它是以中心速度 v 前进，以角速度 ω 绕中心旋转。我们来看两个不同的翼尖上的两点 A 和 B。由于旋转所产生的牵连速度，在 A 点是和中心的运动速度方向相同，在 B 点和中心的速度方向相反。由此，在 A 点和 B 点，翼剖面相对于气流的速度相差 $2a\omega$，这里 a 是翼尖到中心的距离，即飞去来器的半径。由于升力是和速度的平方成正比例，所以由这个速度差在 A 和 B 两点造成的升力差是很可观的。图 9b、c 所示就表示这种升力差。

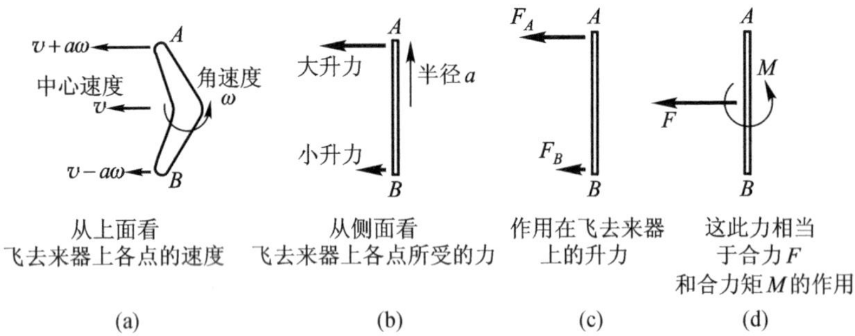

图 9　作用在飞去来器上的力和力矩

上面所说的由于飞去来器上各点相对于空气的速度不同而产生的各点的升力不同，这些力的综合效果最终造成如图 9d 所示，作用在飞去来器中心上的合力 F 和力矩 M。

合力 F 的作用方向是垂直于飞去来器的旋转面，它的作用有二：一方面，如果飞去来器的旋转面与地面平行，F 的方向就向上，它可以托住飞去来器使它不至于很快落到地下；另一方面，如果飞去来器的旋转面不是和地面平行，F 的方向指向可以使飞去来器拐弯。不过，只有 F 的作用还不是飞去来器飞行拐弯的主要原因，飞去来器飞行拐弯的主要原因还是由于 M 的作用使飞去来器的旋转平面发生改变。

考虑我们的飞去来器是以角速度 ω 旋转的，这时在旋转盘上作用有力矩，为了说明这个力矩对旋转盘运动的影响，请看图 10。图上画的是一个以 ω 角速度旋转的圆盘。盘上的 A 点作用一

个向上的力 F_A，B 点作用一个向下的力 F_B，这两个力构成了圆盘上作用的一个力矩。设没有作用力矩时，圆盘上 A 点的速度是 v_A，B 点的速度是 v_B，这两个速度决定的平面就是圆盘旋转的水平平面。作用了这个力矩之后，A 点在 F_A 作用下获得了一个向上的速度改变，新的速度是 v'_A，同样 B 点的新速度是 v'_B。于是在作用了力矩之后旋转平面应当是由 v'_A和 v'_B所决定的新平面。而这就相当于旋转轴向力矩的旋转方向产生了一个倾斜。这个倾斜正好使旋转面绕 AB 直线转了一个角度。这一点使人觉得有点奇特，在 AB 两点作用方向相反的两个力，在这个力矩作用下，旋转盘的轴不是顺着力矩作用的方向在 AB 和二力决定的平面内倾斜，而是向垂直于这个平面的方向倾斜，这就是所谓的陀螺效应。

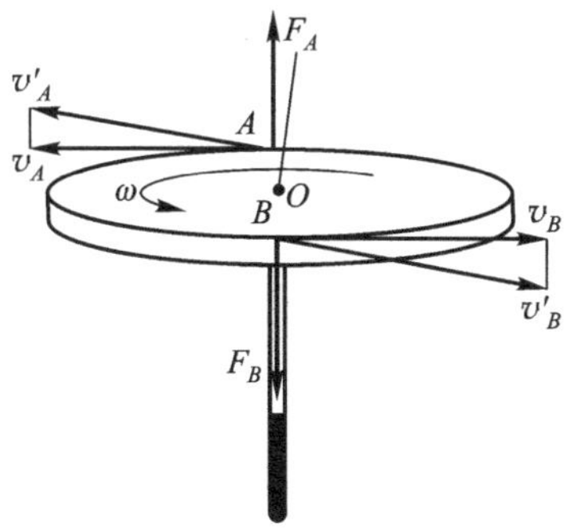

图 10　旋转体上作用有力矩时运动示意

好了，飞去来器飞行的拐弯正主要是由于力矩作用下飞去来器旋转平面的倾斜。我们知道飞去来器是作用的升力 F 总是垂直于飞去来器的旋转面的，旋转面不断变化，升力和这种旋转面的联合作用才是飞去来器能够飞回来的真正原因。

至此，我们已经讨论了与飞去来器有关的方方面面，谈到它的历史、制作、投掷和回飞的原理。如果你充分熟练地掌握了回飞的原理，你就不仅可以照猫画虎地制作和投掷上面提到过的飞去来器，还可以创造性地制作新的飞去来器，玩出新花样来。不仅如此，这些原理还会帮助你去理解航空、航天、自动控制和众多的新高科学技术的道理。

参考文献

[1] Hugh Hunt. Unspinning the boomerang[EB/OL]. [1991-01]. http://plus.maths.org/issue7/features/boomerangs/index.html.

22 Chapter 从《格列佛游记》中的错误谈起
——谈人为结构物的尺寸

在 1726 年，也就是牛顿逝世的前一年，英国作家斯威夫特(J.Swift,1667—1745)出版了一本题为《格列佛游记》的小说。这本小说说的是一个名为格列佛的医生几次航海遇险，漂流到利立普特(小人国)、布罗卜丁奈格(大人国)和慧骃国(马国)等几个幻想国度的经历。由于其极为动人的艺术魅力、富有现实性的深刻思想内容和荒诞而又引人入胜的幻想，它出版二百多年以来被译为几十种语言，广泛流传于世界各国。

我们这里无意讨论这本书的艺术和思想内容，而是想说明在书中荒诞的幻想中，包含了一个明显的力学错误，并且进一步讨论与此有关的问题。

1.《格列佛游记》中的错误

在《格列佛游记》中，格列佛所到的小人国中的每个人只有大约六英寸高，而大人国的每个人却是数十英尺的巨人。这里姑且设大人国的人比小人国的人大两个数量级，即大人国的人的尺寸大约是小人国的人的 100 倍。按照小说中的描写，在如此尺寸悬殊的条件下，人的各部分都是成比例的，而这是不符合力学规律的。

为了说明理由，让我们假设大人国和小人国的人都是由同样的材料构成的。即由比重、强度、弹性都相同的材料构成的。这一点是符合实际的，因为它们都是幻想中的人。实际上，不仅人类是由大体上相同的材料构成的，而且几乎所有的生物，特别是高等动物也大体上可以看为是由相同的材料所构成的。进而，我们还假定这些大小人们行动中所受的载荷基本上是自身的体力。这样假设也是符合实际的，因为他们所受的外力大多是搬运东西，而这些人所能够搬动的物体一般也是同他们自身的体重成比例的。

简单的计算告诉我们，人或动物的重量即身体各部分的负重是和身体的特征尺寸 $\boldsymbol{\lambda}$ 的立方成比例的，设重度为 $\boldsymbol{\gamma}$，则负重大体上是和 $\boldsymbol{\gamma\lambda}^3$ 成比例的。身体各个支撑部件如臂、腿、脊柱的骨骼断面上在应力相同的条件下，所承受的总力却是和断面尺寸 a 的平方成比例的。设材料所能承受的应力，即单位断面积上的力，为 $\boldsymbol{\sigma}$，则这些器官承受的总力大体上应当是 $\boldsymbol{\sigma} a^2$，这里 a 是部件断面的特征尺寸。显然我们有 $\boldsymbol{\gamma\lambda}^3 \approx \boldsymbol{\sigma} a^2$。由于按照我们的假设，对人和高等动物组成身体材料的重度 $\boldsymbol{\gamma}$ 和允许应力 $\boldsymbol{\sigma}$ 是不变的。

由此，我们有 $a \approx \boldsymbol{\lambda}^{\frac{3}{2}}$。即器官断面的特征尺寸 a 是身体的特征尺寸 $\boldsymbol{\lambda}$ 的$\dfrac{3}{2}$次方。就是说，如果人的身长增大了100倍，那么他的四肢的断面尺寸就要增大1 000倍。也就是说在《格列佛游记》中，大人国比小人国人的身长增大了100倍，这时他们的四肢不可能成比例地增大100倍，而是要增大1 000倍，否则他的四肢将不能支持他的体重。这种情形在格列佛看来，小人国的人一定是细胳臂细腿，而大人国里的人一定是粗胳臂粗腿的“怪物”，绝不会像《格列佛游记》中所描写的那样所有的人都是几何相似的。

在现实世界中，同一种动物大小尺寸相差100倍是很难看到的。但是在不同的物种中尺寸相差100倍却是常见的事情。就拿大象和螳螂来说，它们的尺寸相差不止100倍，但是它们四肢尺寸相差却还要大得多。大象的腿比起螳螂的腿要粗壮得多(图1)。

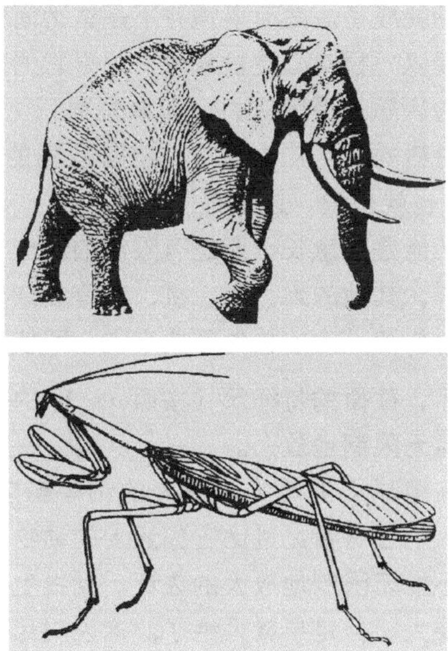

图1

2. 大，有大的难处

在工程设计中，经常有功能和形状相似而尺寸大小相差很大的产品。同样的道理，如果采用同样的材料和同样的结构形式的话，大产品的零件尺寸就要来得粗壮一些。如果采用几何相似的方法来放大或缩小，那么大产品就会不安全以致破坏，而小产品就会显得过分笨重。例如，以一台1千瓦和一台10万千瓦的发电机来说，后者的轴直径比起总长度来说要大得多。同样一间单跨度为 5 m 的房子和一座跨度为 50 m 的大厅相比，如果二者都是用钢筋混凝土材料，而且如果前者的结构强度是合适的话，后者的梁和柱就应当设计得更粗壮。它们的截面特征尺寸 a 对整个结构的特征尺寸 λ 来说，应当按照 $a\approx\lambda^{\frac{3}{2}}$的规律来增长的。

照这么说，设计大的产品或建筑物，只要把上面的公式一套，不就成了。然而事情并不是这么简单。

就以一根实心支柱来说，如果它的高是 λ 材料的重度是 γ 的话，它底部的受压应力，即单位面积上的压力为 $\gamma\lambda$。但是我们知道材料的许用应力是 σ，所以我们的柱子的长度就最长为 $\lambda<\sigma/\gamma$。也就是说，这根柱子不要负重，只是自己的重量，它的长度就不能是任意长，而是有限制的。柱子这种最简单的结构构件是这样，其他的梁、板、拱、壳等复杂构件也都是这样。对于一定的材料和一定的构件形式来说，即使是考虑到上面说的特征尺寸大了，截面的特征尺寸按照 $a\approx\lambda^{\frac{3}{2}}$的规律来增长，构件的尺寸也不能无限制地放大。

在地球上的动物，最大的怕是鲸鱼了。而陆地上的就数大象。人们没有看见过比它们还大的动物，就可以作为上面任何结构都不能无限制地放大的佐证。据古生物学家的研究，恐龙比它们还要大，但是早就灭绝了。这说明尺寸太大了就经不起环境的变故。

不过，人类对于产品和结构的规模来说，欲望是无穷的。大了，还要大。超高的建筑、超大的轮船、超长跨度的桥梁、超大型的发电机组、超大型的起重机、载重车、飞机……。1931 年，纽约的摩天大楼是 381 m 高，1976 年纽约的帝国大厦是 411 m 高，1974 年芝加哥的希尔斯塔楼是 443 m 高，目前有的电视塔的高度已经超过 500 m 了。人们在不断向新的水平挑战。

前面说过，既然每一种结构形式在一定的材料下尺寸有一定的限制，那么怎么能够突破这种限制使构件做得更大呢。这就是大尺寸结构的所遇到的困难。这也就是为什么人类每一次突破以前的尺寸都必须做认真的研究的原因。这种研究总起来说，无非是两方面的。一方面是研究新的材料；另一方面是研究新的结构形式。

在材料方面，从古老的建筑材料——砖石木材开始，后来有了水泥、钢筋混凝土、钢、高强度钢、其他高强度和重度小的材料等。

在结构形式方面，为了减小自重，最重要的原则就是尽量把结构做成空心的。

事实上，结构的这种空心化人们可以在生物界里得到许多启示。植物中如竹、麦等单子叶植物的茎是空心的。高等动物的骨骼内部的组织是比较疏松的，而边上是比较密实的材料。生物力学研究表明，生物的组织，在经受应力较大时便生长得密实，否则便疏松。宇航员在失重条件下生活一个长时间，例如数月或一年，便会产生骨质疏松的病症。生物的承力器官都是外部密实内部疏松，是因为这些器官经常承受力矩，而力矩产生的应力总是边上大内部小。生物的器官长期并且世代都处于这样的应力条件下，自然就进化成这种空心情形了。我们前面说过，对尺寸小的动物，它们承力器官截面尺寸 h 比起体特征尺寸 l 减小得很多。即是说它们的肢体更细，这时，更细的肢体在承受弯矩时，应力的梯度就更大，于是它们的肢体组织的密实与疏松差别就更大。这就是为什么像昆虫、螃蟹等小动物的骨骼都是空心的，而且为了承受较大的力矩，它们的肌肉在骨骼的内部。

在人造结构中人们不断模仿生物界的这种空心的结构。例如用桁梁、工字截面梁来代替又粗又笨的实心梁，用圆管来代替圆棍，用薄壳代替板，用蜂窝材料的结构代替砖石结构等等。

不过，不管人类怎样努力，大结构总还是有极限的，除非这种结构做成球形的。力学上可以证明，充分大的物体在万有引力作用下总是呈球形的。天文上发现的各种星球都是球状的。虽然我们明知道大结构的程度是有极限的，但是我们还是要努力使结构建造得更大些，去尽可能地接近极限。这犹如我们明知道我们奔跑的速度是有限的，我们还是要努力锻炼，创造一个又一个的新纪录。每一次新的突破都使我们激动不已。

《红楼梦》中王熙凤对刘姥姥有一句话："大有大的难处。"说的是大家族生活在一起管起家务来很难。在工程中大的产品和建筑结构的设计和施工也是很难的，实际上恐怕比王熙凤所遇到的困难还要大。人类的文明就是在不断克服这种困难中发展起来的。

3. 小起来更不容易

从上面的分析可知，结构大起来会有限度，但是小起来就没有这种限制。所以在自然界里，我们几乎可以找到任何尺寸的生物，除非是小到原子的个数不足以维持生物的复杂性。

这使我们想起《格列佛游记》的作者斯威夫特的诗句：

博物家这样看到，
跳蚤还有捕食它的更小的跳蚤；
这些跳蚤还被小得多的跳蚤叮咬，
如此一直继续到无穷小。

小人国和这种直到无穷小的小跳蚤的系列自然是幻想，但是小的昆虫以及更小的微生物却是十分普遍的。昆虫是能看到的小动物了，它们的尺寸一般从几厘米到不到一毫米不等。再小是细菌，大约是千分之一厘米大。但是还有更小的病毒或嗜菌体，大小约为细菌的百分之一，可以寄生在细菌体上生存。

至于说到人造的微小结构，几十年前，听说有微雕一说。在一粒大米大小的象牙上可以刻一篇《桃花源记》，这真是令人叹为观止。还有，在20世纪50、60年代发展的照相缩微术可以把一本书缩印在一个小胶卷上，阅读时在显微阅读机上阅读。但是这还不是人类追求的最小的下界。不过在制造微小的结构上，人们遇到的困难比制造超大的结构还要大。

这时最大的困难不是在结构的强度上，而是在于没有加工的手段。通常的刀、锯、锤、锉都不能用。即使是把这些工具缩小了，也还是一点没有用处。所以人造的微小结构发展得很晚，是近三、四十年的事。

事情还得从计算机的微小化开始。计算机是1945年出现的，最早的计算机是庞然大物，不仅存储量小、速度慢、耗电多，而且还不可靠。因此人们就一直想法使它小型化。

1947年美国的物理学家萧克莱(W.B.Shocjley,1910—)发明了晶体管，为此获得了1956年诺贝尔物理学奖。1958年美国的物理学家杰克·基尔比(1923—)做成了世界上第一片集成电路，为此获得了2000年的诺贝尔物理学奖。从此计算机集成电路的芯片做得集成度越来越高。1958年是每片100个元件，20世纪60年代达到1 000个元件，70年代末达到100 000个元件，80年代达到10^6个元件，到90年代已经制成了10^9个元件的大规模集成电路。这时的集成度大约是每一个元件占的宽度为100 nm(纳米)。纳米是长度单位，每一纳米是10^{-9}米，这个长度大约是10个氢原子直径。人们称这个水平上，亦即大约在原子大小的水平上的加工是纳米水平上的技术，或者简称为纳米技术。

俗话说，工欲善其事，必先利其器。要进行上面说到的这些微细加工，需要研究发展特别的加工技术。最早的集成芯片是借助于光刻来进行的。利用普通的光线，像照相制版那样进行化学腐蚀来加工。这毕竟嫌过于粗糙，所以每个芯片上只能刻百把个元件。

大约是1960年，激光制造出来了。由于激光具有高度的准直性、高亮度、高单色性，将激光聚焦可以产生几千度到几万度的高温。它的准直性允许产生十分细的，大约可以产生直径只有1 μm(10^{-6} m)的光束。它恰好可以当作一把精细的刻刀来加工芯片。这样芯片的集成度就大为提高。后来由于对更微小的加工，激光这把刻刀法也嫌不够精细。1981 年 IBM 公司的比尼格(G.Binnig)和若热尔(H.Rohrer)合作发明了基于电子的隧道效应的高分辨率显微镜，为此而获得了 1986 年诺贝尔奖金。这种显微镜不仅可以测量三维图像，对于平行和垂直于水平面的方向分辨率分别为 0.1 nm 和 0.01 nm，这个长度是和氢原子的大小同一数量级的，甚至比它还要精细。最为神奇的是利用制造隧道显微镜的这种技术还可以刻纳米级的细线条，甚至可以移动单个的原子，就是说可以进行原子大小水平上的加工。

在 20 世纪 50 年代，美国著名的物理学家费音曼(R. Feynman,1918—1988)说过："如果有那么一天，人们可以按照自己的意志安排一个个的原子，那将会产生怎样的奇迹?!"费音曼当年的梦想人们总算能够实现了。奇迹也便出现了。并且正在把一个无比灿烂的前景呈现在人们面前。

有了制造微结构的这些进展，计算机做得越来越小。信息存储的密集度有希望可以把一个巨大的图书馆携带在手掌之中。可以生产出直径只有一毫米万分之一大小的电机，甚至在分子大小水平上的电机。用这些电机可以造成微小的机器人或机器"昆虫"，再令它们去做人做不到的事情，例如可以让机器人钻入人们的血管中把血管上的脂肪块"吃掉"、把血栓挖开。这些小机器人小到甚至可以用注射器注入血管中。例如，还可以用这些小机器人对染色体动手术，去克隆新的物种。事实上，1990 年，美国已经做出了小如跳蚤的机器人，其齿轮和零件小如尘埃，整个机器人还被一个微电脑控制。一个新兴的行业：微机械诞生了。在纳米级加工，人们还可以使材料的分子排列得十分规则，当原子之间的排列没有空隙即没有位错时，材料的强度可以提高数十倍。并且人们可以造出高可塑性、对电、热、光等变化高敏感性的材料。目前这些都是人们努力探求的研究领域。

综上所述，生物界从最小的病毒或嗜菌体到最大的大象或鲸鱼都是按照自然的规律生存的，它们的尺寸从微米到几十米，大小的跨度约为 10^7。而目前，人造事物的尺寸范围要大得多。如果不考虑像万里长城那样在与重力方向垂直的长度，因为这种方向上的延长从力学上说是没有困难的，从最小的纳米级大小的电子元件到数百米高的大楼，大小的跨度约为 10^{11}。

在如此广阔的范围内驰骋，人为事物的设计和制造上需要各方面的专家合作，需要各方面的知识，需要各门学科分工合作。

大体上来说，对于宏观范围内的事物，即在原子和分子以外的尺寸上的人为事物，最为重要的是力学。因为任何结构的首要问题，是这些结构在位移、速度、加速度、强度、刚度和稳定性上都必须满足要求。如果说在宏观尺寸上，人为结构物的受力主要是体力，那么在微观尺寸上，人为结构物的受力主要的便不再是体力而是约束力，是原子之间的相互作用力，包括摩擦力、表面张力等。所以在纳米级尺寸上，最为重要的是物理。我们看到在纳米级加工的工具：激光和隧道显微镜都是物理学家解决的，激光与隧道显微镜的设计都要精确计算电子的量子行为，都必须和量子力学打交道。不过，激光和隧道显微镜的发明虽然是必须与量子力学打交道，但是这些精细工具的宏观运动、调整和设计，还是处处和力学有关的。这是因为这些工具总还是要接受宏观的操作。所以不管在什么层次上的人为事物，宏观力学总是最为基础的知识。而要征服微观世界，在力学之外还必须和量子力学打交道。

注：本文受到国家自然科学基金 10172002 项目的资助，特致谢意。

最早刊登于《物理教学》，2003 年第 3 期.

跳蚤应当与人跳同样的高度

23
Chapter

1. 引言

在英国作家斯威夫特(J. Swift,1667—1745)1726年出版的名著《格列佛游记》中，格列佛所到的小人国中的每个人只有大约六英寸高，而大人国的每个人却是数十英尺的巨人。这里姑且设大人国的人比小人国的人大两个数量级，即大人国的人的尺寸大约是小人国的人的100倍。按照小说中的描写，在如此尺寸悬殊的条件下，人的各部分却都是成比例的。

在中小学生中广泛阅读的科学普及读物《十万个为什么》中说，跳蚤是当之无愧的跳高高手吧！它虽然只有1毫米来长，但它却能跳20多厘米高，是它自己身高的200多倍呢！就是说，动物的弹跳能力应当是和身体的大小成比例的。书中把跳蚤弹跳的高度，与它的身体尺度相比，意思是说，所有动物弹跳高度要以它的身体尺寸来度量，来决定弹跳能力的强弱。

这些看上去貌似正确的论断，其实都是错误的。小动物和大动物，不可能几何相似，大小不同的动物弹跳能力也不是与它们的尺寸成比例的。我们就来从力学上加以分析。

为了使问题不过分复杂化，而且在一定程度上也能够说明问题，我们做如下的简化假定：

（1）所有的动物，无论大小，身体的平均密度是相同的；

（2）所有的动物，无论大小，其承力材料，即骨骼的强度是相同的；

（3）所有的动物，无论大小，其单位体积的肌肉在单位时间内能够提供的能量是相同的。

这些假定大致上是符合实际情况的。

2. 动物变大，骨头要变得更大

简单的计算告诉我们，人或动物的重量即身体各部分的负重是和身体的特征尺寸 λ 的立方成比例的，设重度为 γ，则负重大体上是和 $\gamma\lambda^3$ 成比例的。身体各个支撑部件如臂、腿、脊柱的骨骼断面上在应力相同的条件下，所承受的总力却是和断面尺寸 a 的平方成比例的。设材料所能承受的应力，即许用应力，为$[\sigma]$，则这些器官承受的总力大体上应当是$[\sigma]a^2$，这里 a 是部件断面的特征尺寸。显然我们有 $\gamma\lambda^3\approx[\sigma]a^2$。这里，我们用“≈”号表示两端属于同一数量级的意思，其间可以差一个常数。

由于按照我们的假设，对人和高等动物组成身体材料的重度 γ 和允许应力$[\sigma]$是不变的。所以有

$$a^2\approx\frac{\gamma}{[\sigma]}\lambda^3 \tag{1}$$

由此，我们有 $a\approx\lambda^{3/2}$。即器官断面的特征尺寸 a 是身体的特征尺寸 λ 的 3/2 次方。就是说，如果人的身长增大了 100 倍，那么他的四肢的断面尺寸就要增大 1 000 倍。也就是说在《格列佛游记》中，大人国比小人国人的身长增大了 100 倍，这时他们的四肢不可能成比例地增大 100 倍，而是要增大 1 000 倍，否则他的四肢将不能支持他的体重。这种情形在格列佛看来，小人国

的人一定是细胳臂细腿，而大人国里的人一定是粗胳臂粗腿的“怪物”，绝不会像《格列佛游记》中所描写的那样所有的人都是几何相似的。

在现实世界中，同一种动物大小尺寸相差100倍是很难看到的。但是在不同的物种中尺寸相差100倍却是常见的事情。就拿大象和螳螂来说，它们的尺寸相差不止100倍，但是它们四肢尺寸相差却还要大得多。大象的腿比起螳螂的腿要粗壮得多。

在历史上最早关注这个问题的是伽利略。他在1638年出版的《关于两门新科学的对话》中，说："谁都知道，一匹马从3或4库比特(长度单位，=45.7 cm)的高处掉下来将会骨折，同时一只狗从同样高度或一只猫从8或10库比特的高度掉下来不会受伤。一只蝗虫从一座塔上掉下来和一只蚂蚁从月亮的距离掉下来同样会不受伤害。小孩子从足以使大人跌断腿或许跌破头的高度掉下来不是安然无恙吗？正如较小的动物与相应的较大的动物相比，其强度更大也更结实；小的植物比大植物可以直立得更好。"就是说，动物大了，它要承受的体重是与尺寸的立方成正比的。这时，它的承力结构，即骨骼就要按照上面给出的比例增大。

他在书中设计了一根巨人的骨头(图1)。他说："我曾经勾画过一根骨头，它的长度比自然长度增加了3倍，它的粗细放大到这样的大小，使之对于对应的大动物所承担的功能，与小骨头对小动物所承担的功能一样。从这张图上你们可以看到，放大的骨头是多么不成比例。于是显然，如果想在一个巨人保持与一个常人同样肢体的比例，或者必须寻找一种更硬和强度更大的材料来构造他的骨骼，或者必须认可他的骨骼强度要比中等身材的人减小，他就会在自重下跌倒和摔坏。鉴于如果身体的尺寸减

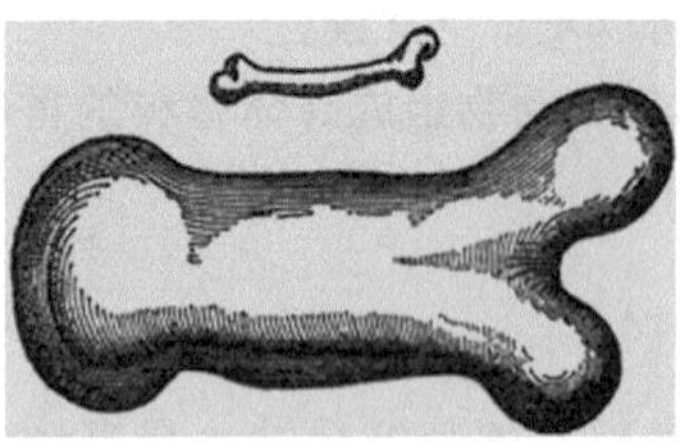

图1　伽利略原书的插图

小，其身体的强度力不是成比例地减小；的确，身体愈小，它的相对的强度就愈大。因此一只小狗也许能够在它的背上携带和它一样大的两或三只小狗；但是我相信一匹马甚至驮不起和它大小一样一匹马。”

由此伽利略还断言：“不管是人工还是在自然界，把结构的大小增加到巨大尺寸的不可能性，就像建造巨大尺寸的船、宫殿或庙宇时，将它们的桨、桅杆、梁、铁栓等，简言之，所有其他的零件，都结合在一起的不可能性一样；在自然界也不可能产生超常尺寸的树，因为树枝会在它们的自重下折断；同样，如果人、马或其他动物增大到非常的高度，要构造它们的骨骼结构，把这些骨骼结合在一起并且执行它们的正常的功能也是不可能的；因为这种高度的增大只通过采用一种比通常更硬和更强的材料，或者增大骨骼的尺寸，这样就改变了它们的外形，以至于动物的形状和外貌呈现一种畸形。”

3. 跳蚤应当与人跳同样的高度

许多书上都说跳蚤是跳高冠军。说的是它弹跳的高度与它们体高来比这个比值要比人弹跳高度与体高之比大得多。其实不然。在我们前面的假设下，我们可以证明所有的动物，不论大小，它们都大致上能够跳到同样的高度。

根据力学中的能量守恒原理，动物在一次弹跳中，由肌肉收缩所发出的总能量 U 应当等于它随后身体升到最高的高度 h 所具有的势能 mgh。这里 m 是身体的质量，g 是重力加速度。也就是说，它的弹跳高度应当是

$$h = U/(mg) = u\boldsymbol{\lambda}^3/(\gamma\boldsymbol{\lambda}^3) = \text{const.} \tag{2}$$

式中 u 是单位体积的肌肉在单位时间内能够提供的能量。根据我们的假设，它和重度 γ 都是与动物大小无关的常数。所以不同大小的动物弹跳高度大致也是相同的。

事实上，我们看到不同大小的动物，例如人大致上弹跳高度

是 1 m 左右，而比人大的马差不多也是 1 m 左右，而比人小的动物如狗、猫，也差不多能够跳 1 m 高。比人更小的动物，如老鼠，则对 1 m 的高度更是轻易就可以跳过。当然，有些动物跳高的本领已经退化了，例如大象、乌龟等，不在我们讨论之列。我们的意思是说只要是这种动物是善于跳跃的，则不论大小，它们的跳跃高度大致上是相同的。

从这个分析，我们返回来看跳蚤。它的最高纪录大约是 30 cm。这当然和 1 m 的高度还是属于一个数量级的。从上面我们的分析，跳蚤不但不能算是跳高冠军，它甚至连猫和老鼠以及人的跳高能力都不如！

上面的结论，我们还可以换一个角度，从骨骼的强度方面来论证。设动物跳跃达到高度为 h，当它回落时，身体上的某个承力元件受的荷载，接近悬臂梁一端固定一端受集中力的受力状况。这时，显然悬臂梁固定端根部的应力最大。我们假定这个最大应力就是许用应力$[\sigma]$。还是由能量守恒定理，动物升高 h 的势能，回落后应当变为悬臂梁的变形能。我们通过计算，还是可以得到相同的结论：即不管动物大小，它们弹跳高度大致上是相同的。不过计算稍微复杂一点，我们这里就略去了。

以上这个事实，实际上在 300 年以前伽利略就注意到了。英国的生理学家 J.B.S.哈尔丹(J.B.S.Haldane,1892—1964)说：“虽然伽利略在 300 年前就证明了下面情况不是这样，但人们还是认为跳蚤要是像人一样大的话就能跳过 1 000 英尺的高度。事实上，一个动物一跳所能达到的高度与其说与其躯体规模成正比，倒不如说几乎与此无关。”(见文献[5]。)

4. 小动物的骨骼为什么在外边？

细心观察，我们会发现小动物，如螳螂、蝗虫、蚂蚁和螃蟹等小动物，它们身体坚硬的承力部分，即骨骼都处于身体的外部，而柔软部分，即肌肉组织都处于内部。也就是说，大的动物大部分是肌肉裹着骨头，而小动物则是骨头裹着肌肉。

我们前面讨论过，单纯从强度来考虑，动物愈小它的承力器官比按比例缩小更细。但是，承力器官细到一定程度，也会出现另一种问题：就是它的弯曲刚度减小得太快。这可以从一根 1 cm 粗细的玻璃棒为例，它的刚度是很大的，要使它弯曲并不容易。如果把玻璃棒做得很细，比方说细到 1/100 mm，这时玻璃棒就变为柔韧的可以任意弯曲的玻璃丝了。同样，动物的承力器官要是非常细了，对于支持器官的拉压强度是足够的。但是在他略微受弯曲时，变形就太大。我们知道，增加弯曲刚度的办法是，在相同截面面积条件下，增大截面的转动惯量。而要做到这一点，就要把材料往截面的边远地方分布。这就是为什么在小动物，骨骼包裹肌肉的情形。

这里，有一个问题，就是当动物的承力元件变细时，也相应地变短了。怎么能够说明在变短的情况下它的柔性更大呢。为了说明这个问题，我们还是假定动物的承力元件是一根等截面悬臂梁。我们来看在它的根部达到许用应力时它的端部的转角。

从材料力学我们知道，悬臂梁在端部受集中力 F 时，根部达到许用应力为$[\sigma]$，它们之间应当有关系

$$Fl \approx [\sigma] a^3 \tag{3}$$

这里 l 是梁长，而 a 是度量截面的尺寸。也同样从材料力学弯曲的线性理论，我们知道在根部固定而端部集中力 F 作用下，端部的转角

$$\alpha \approx \frac{Fl^2}{EJ}$$

其中 E 是材料的弹性模量，J 是截面的转动惯量。我们知道 $J \approx a^4$，在把式(3)代入上式，考虑到 l 是与 λ 成比例的，而 $a \approx \lambda^{3/2}$，我们最后有

$$\alpha \approx \frac{[\sigma] a^3 l}{a^4} \approx \lambda^{-1/2} \tag{4}$$

从这个式子，我们看出，当身体的尺寸缩小100倍时，梁端的转角就要扩大10倍。而这就是小动物必须从结构形式上来改变的根本原因。

5. 尺寸的启示

动物的尺寸影响它的形态和功能给我们很好的启示。就是说我们在考虑工程结构乃至选拔运动员时，必须要考虑尺寸带来的效果。

举例说，一定速度下物体在水中运动的阻力是和它的尺寸 l 的平方成正比的，而它的重量是与 l 的立方成正比的。就是说如果我们造船，那么船造得愈大愈合算。因为在同样速度下单位重量所要克服的阻力就愈小。而如果对我们在选游泳运动员来说，运动员的总体能也是与他的尺寸 l 的立方成正比的。所以，在游较长距离的优秀游泳运动员，一般块头都比较大。

再例如，物体的转动惯量是与尺寸 l 的四次方成正比的。转动惯量大了，旋转就要费较大的能量。而体能只和尺寸 l 的三次方成比例。所以在选拔要求翻跟头的体操运动员或跳水运动员时，又一般要选块头较小的运动员。

总结上面的讨论，我们说，动物小了，它的骨骼尺寸减小比身体尺寸减小得还要快。一般情形下，大小动物可以弹跳得同样高。对于更小的动物，因为骨骼非常细了，为了增加弯曲刚度，骨骼生长在肌肉的外面。这种形态的形成是由于动物各种器官受力条件不同在长期进化过程中形成的。这使我们回忆起在1892年，德国外科医生沃尔夫(Julius Wolff, 1836—1902)所总结的生物骨骼生长的规律：骨组织的变化取决于其所受应力与应变的大小。这个结论现今被称为沃尔夫定律。

其实，与生物尺寸相关的问题还有许多。例如，大小动物由于体表面与体积比例不同，对热量的供求关系就有很大的不同，因之营养和进食习性也有不同。大小动物由于自重与在介质中的阻力不同，所以飞行、游泳的方式也有别。另外，由于陆地上的大动物的体重较大，骨骼所受的应力也较大，根据沃尔夫定律，它们的骨头生长得也相对密实，例如象牙就要比狗、猫等的骨骼密实得多，所以用它可以制造珍贵的工艺品。等等。

总之，研究生物形态的形成与演化，研究这些规律在技术中的应用，乃至研究运动员的特长，都是和所研究对象的尺寸对力学行为的影响密切相关的。

参考文献

[1] 伽利略. 关于两门新科学的对话[M]. 武际可，译. 北京：北京大学出版社，2006.

[2] 武际可. 从《格列佛游记》中的错误谈起[J]. 物理教学,2003(3).

[3] Шмидт-НиельсонК. Размер Животных[M]. Москва <Мир>, 1987.

[4] 杨桂通. 探索人类奥秘的古老故事[M]//武际可，隋允康. 力学史与方法论文集. 北京：中国林业出版社，2003：58-67.

[5] 哈尔丹 J.B.S. 论合适的躯体规模[M]//罗伯特·哈钦斯，莫蒂默·艾德勒. 西方名著入门. 北京：中国商务印书馆，美国不列颠百科全书公司，1995：167-174.

24 Chapter

夜半钟声到客船

——谈声音和波的传播

月落乌啼霜满天，
江枫渔火对愁眠。
姑苏城外寒山寺，
夜半钟声到客船。

这是唐朝人张继写的诗《枫桥夜泊》。张继是天宝十二年(公元753年)的进士，他作的诗传世不多，在诗坛上也不算第一流的大家，但他的这首诗却入选在历朝历代的唐诗选中，成为脍炙人口的绝唱。

对于这首诗，历史上有不少人评论，都认为很美。宋朝欧阳修在他的《诗话》中却提出了一个问题，他说："唐人有人云：半夜钟声到客船，说者亦云句则佳矣，其如三更不是打钟时。"欧阳修肯定了诗句之佳，然而三更是否打钟时，颇引起后人的一番议论。南宋初的王观国在《学林》中写道："世疑半夜非钟声时，观国案，《南史》文学传丘仲孚，吴兴乌程人，少好学，读书常以中霄钟鸣为限。然则半夜钟固有之矣。”后来南宋叶梦得在他的《石林诗话》中说：“欧公尝病其半夜非打钟时，盖未尝至吴中。今吴中寺，实夜半打钟。”他们说明早在唐以前的南朝，晚在唐以后的南宋，苏州一带都有半夜打钟的习俗。欧阳修的指责，不过是少见多怪而已。

与此同时，人们还找出在唐诗中谈到半夜钟声的诗，张继而外，还大有人在。如比张继早的张说，就在《山夜闻钟》诗中有：“夜卧闻夜钟，夜静山更响。”在于鹄的《送宫人入道归山》诗中有：“定知别后宫中伴，应听维山半夜钟。”白居易有：“新秋松影下，半夜钟声后。”温庭筠有：“悠然旅思频回首，无复松山半夜钟。”陈羽有：“隔水悠扬午夜钟。”

读着这许多诗句，我们可以想象，那悠扬的夜半钟声，可以从山上传到客船，可以隔河传到彼岸。更进一层，在皇甫冉的诗句里有：“秋水临水月，夜半隔山钟。”这使我们可以想象那悠扬的钟声甚至可以隔着一座山传过来。

唐诗中不仅有这么多的诗写到半夜钟、夜半钟、午夜钟，还有写到夜间的笛声、琴声。如于鹄有：“更深何处人吹笛，疑是孤吟寒水中。”白居易有：“江上何人夜吹笛？声声似忆故园春。”白居易还有一首著名的长诗《琵琶行》，诗句开头几句用“秋瑟瑟”、“江浸月”交代了秋天和月夜的背景，然后说：“忽闻水上琵琶声”，再就是“寻声暗问弹者谁”，说明白居易同那位弹琵琶的人还是隔着一段距离的，所以需要“寻声暗问”，最后才得以“千呼万唤始出来，犹抱琵琶半遮面”，才有“同是天涯沦落人，相逢何必曾相识”的一段故事。在唐诗中很少有人写白昼、正午的钟声、笛声、琴声。这绝不是单纯为了追求优美的词句而“递相沿袭”。宋代人说“恐必有说耳”，意思是说：这么多人写半夜钟声，怕自有它的道理。从张继的“枫桥夜泊”到现在已有 1 200 多年了，在这段漫长岁月中，科学的发展证实张继等人的写法非常符合科学道理。在这许多诗句中，概括了一个科学事实：夜间的声音传得远。

夜间声音为什么会传得远呢？一种说法是：夜深人静了，背景噪声小了，人更易于分辨远处传来的声音。这当然是一个因素，但它不是最主要的原因，这得从声音是怎样地传播说起。

首先，声音是声源的振动扰动了空气，扰动以波的形式往出传。设想声源是地面上空的一个点，空气中的波是以它的密度不同往外传递，如果空气中各点的声速是相同的，由这个点传出的声波的波前是一个球面，声音传播的方向认为是和波前垂直的方向即半径的方向。现在设声音在大气中不同高度传播速度不同，这时波前就不再保持球面，而发生畸变；相应的，声音传播方向也不再是球半径的方向，而是拐了弯，这种声音传播道路拐弯的现象，也称为声折射现象。白天与夜间，声音传播远近不同，就是由这个折射现象产生的。

其次，在地面附近空气中，声速 c(单位为 m/s)和温度 t(单位为℃)的关系，可近似表为

$$c=(331.45+0.61t℃)\ \text{m/s}$$

就是说在地面上温度每升高 1 ℃，声速增加约 0.61 m/s。

我们人类活动在贴近地面的大气里，在高度 20 km 以下，大气的温度变化十分复杂。白天，由于地面接受太阳辐射温度升高，靠近地面大气层比稍高的气层温度高，也就是说近地声速大于高空。这时声音传播路径折向高空，在适当的地方还可以形成声静区，即对远处发出的什么声音都听不见(图 1a)。这时，由于声传播路径折射向高空，如果坐在气球上便会听到格外清晰的气球下面地面的发声，坐在气球里的张继也许会来上一句“正午钟声到气球”。在夜间，靠近地面空气逐渐冷下来了，上空的气温相对高，结果高空声速比地面大，因而声音会向地面折射(图 1b)。这就是夜间声音相对远的道理。在寒冷的天气，尤其在结了冰的湖面或未结冰的水面上，即使在白天，由于地面温度低，

声音向地面折射的效果也十分明显。“月落乌啼霜满天”，在诗里张继写的是晚秋天气，不仅是夜半钟声，而且是晚秋天气的夜半钟声，不就格外清晰了吗？真可谓“秋声半夜真”（转引自钱钟书《谈艺录》）。可见唐代诗人观察得多么仔细。由于“秋”和“半夜”这双重的因素加在一起，皇甫冉的诗句：“秋水临水月，夜半隔山钟”就显得非常现实了，只有在这样的条件下，声音才能通过折射从山那边传过来。现在，住在闹市区的人大概都有这样的体验，对马路车辆行驶造成的讨厌的噪声，白天除了临街的楼房外，大多感受不到，而到深夜，即使只有一辆车驶过，也会搅得你睡不好觉，甚至隔几座楼还可以听到，可以说是“夜半噪声扰眠床”吧，它和“夜半钟声到客船”是同样的道理。

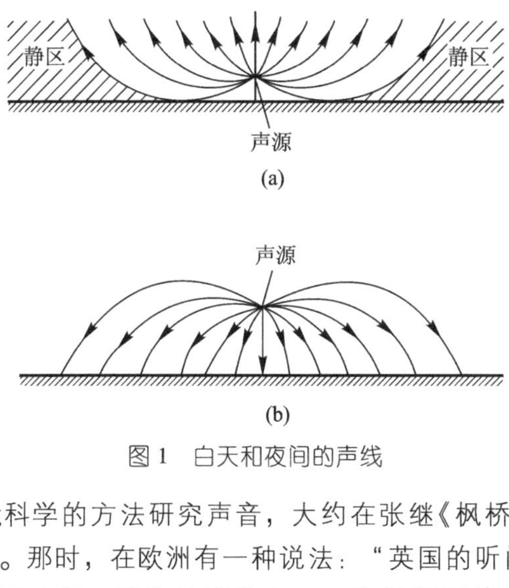

(a)

(b)

图 1　白天和夜间的声线

用现代科学的方法研究声音，大约在张继《枫桥夜泊》诗后的 1 000 年。那时，在欧洲有一种说法：“英国的听闻情况比意大利好。”1704 年，两位认真的人：一位是英国牧师 W.德勒，一位是意大利人阿韦朗尼，他们合作对两地的声音传播情况进行了实测，结果证实两国的声音传播情况差别不大。较早测量声速的是 1636 年法国人 M.梅森，而后于 1738 年，法国科学院测得了比较准确的声速。

谈到大气中声音的传播，我们应当提到清朝的康熙皇帝爱新觉罗·玄烨(1654—1722年)。他是一位既聪明又博学的政治家。在他的随笔《几暇格物编》中，记载了一则他所做的关于枪声的实验，题目是“雷声不过百里”。他说：“朕以算法较之，雷声不能出百里。其算法：依黄钟准尺寸，定一秒之重线，或长或短，或重或轻，皆有一定之加减。先试之铳炮之属，烟起即响，其声益远益迟。得准比例，而后算雷炮之远近，即得矣。朕每测量，过百里虽有电而声不至，方知雷声之远近也。朕为河工，至天津驻跸，芦沟桥八旗放炮，时值西北风，炮声似觉不远，大约将二百里。以此度之，大炮之响比雷尚远，无疑也。”从玄烨的话里，看出他做实验很精细。所说的“黄钟”是古时一个标准音阶，它的律管长九寸径九分，可以当作标准长度。至于定1秒之重线，很可能使用的单摆摆长周期为1秒。定好了量测时间的标准，后面的测量就不难进行了。他的实验，和大致在同时代法国科学院于1738年测声速的办法差不多。只不过玄烨没有提出声速的概念，而得到的是比例的概念，玄烨说的“得准比例”，便是现今单位时间内声波走的距离，也便是声速。可惜他未记下得到的比例是多大。

关于声的折射现象，到了19世纪，欧洲学者才定量地研究了温度梯度与声折射效应的关系。后来，人们逐渐认识到，要了解大气中声折射的复杂现象，就得要有一张声速沿高度变化的图。即声速作为距地面高度的函数关系。据现在人们的实测和理论计算，这个函数关系简略地可表为图2。从图2我们可以解释许多大气中声音传播的有趣现象。我们看到从B点到地面数千米内，白天到晚上速度梯度相反。它可以解释地面声音晚上比白天传得远的原因，已如前面所说。

我们还看到，这条曲线拐了几个弯。注意声速局部极小处C点，在这个高度上发声，任何方向的声音都会折射弯向水平。因

为从 C 点往上看，它的梯度正好和夜间地面上声速梯度一样，从 C 往下看，也是远离 C 的高度声速变大，所以无论怎样，声音都会弯向过 C 的水平线。就是说，这个高度，声音传得特别远，称为声道。而具有声速极大值的 D 点，则相反，当声音传播接近它时，有一部分会折射返回声波来的那一侧，犹如波的反射。

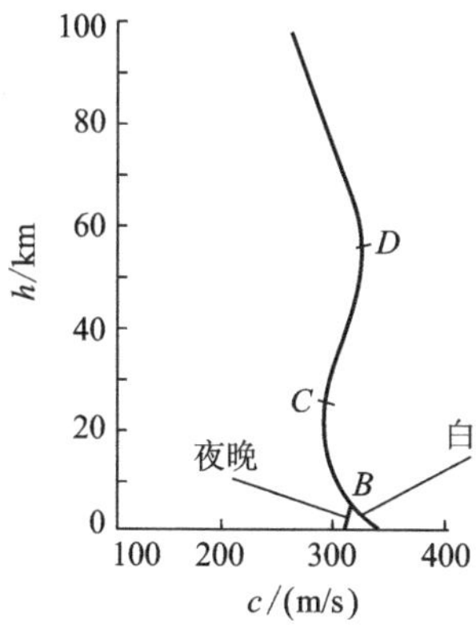

图 2　声速随高度变化曲线

夏天打雷，总是在闪电之后。闪电只是一瞬间的事，也许不到千分之一秒。可是一次闪电之后，往往雷声隆隆不绝，要持续好一段时间。这原因就是由于沿高度声音反射，有时来回若干次，就像在山谷中喊一嗓子听到的不断回声。事实上，夏天雷雨前，声速分布比图 2 要复杂得多。这时由于近地的风、云，声速分布不仅沿高度变化，沿水平也变化，会造成极复杂的声折射现象。

在第一次世界大战时，发现了一个奇怪现象。一门不断发射的大炮，当有人驱车从数百千米外的远方驶向它时，起初听到炮声隆隆，但驶得更近时，在一段路上却听不到炮声。原因是，起初听到的炮声是大气反射的波，更近些是静区，再靠近又听到从大炮直接传来的声波。

风对声音的传播是有影响的，声音的速度在顺风和逆风时不同。顺风时，是静止空气中声速 c 加上风速，而逆风时要减去风速。但是风速沿不同高度的分布是增加的，而且近似地按指数增加。高空风速大，贴近地面小，于是逆风时，高空声速小于地面声速；顺风时高空声速大于地面声速。这样，在刮风时，顺风时声音的折射犹如夜间，而逆风声音折射犹如白天。这就是为什么在刮风时听人讲话，站在下风处听得格外清楚，也就是荀子在《劝学》中所说的:“顺风而呼，声非加疾也，而闻者彰”的道理。

前面谈到的玄烨所做的声速实验，的确很仔细，他甚至没有忽略他在天津听到芦沟桥炮声时刮的是西北风，可见他已经意识到风对声音传播会产生影响。他当时处于下风，所以听得较远。然而夏天打雷的时候，恰好天空温度较低，声音一般向天空折射，玄烨所以听不到超过百里以外的雷声，很可能他是处于声静区。听到声音与否，不仅同雷炮二者发声的能量有关，还同听者所处的地方和气象条件有关。设想玄烨听炮声是处于上风头，听到的炮声未必会比雷声距离远。所以还不能就一般地说:“大炮之响比雷尚远，无疑也。”

声在水中的传播也类似于在空气中的传播。第二次世界大战中发现了海水深层存在声道，在那里声波可以传播数千千米。这个现象受到很大重视，因为用它可以监视敌方潜水艇的动态，它至今还是水声学技术应用的重要课题。

声在固体中传播要复杂一些，但也无非是折射、反射现象。近代精密仪器可以测出在地球另一边发生的地震和核爆炸，依靠多点测量可以推算它的大小和准确位置。

利用人工爆炸，声在固体中传播的折射、反射，并收集这些信号加以分析，还可以用于地质探矿。既然波的传播和速度有关，而速度又和介质的密度有关，所以收集各个方向传来的声波可以从中分析出介质的密度。这种技术的应用称为声全息。

要深入了解这些技术的细节，在力学学科中有一个研究方向，称为分层介质或不均匀介质中的波和波动问题的反问题。声音是一种波，光也是一种波，在不均匀介质中，光波也会折射，它们都是同一个道理。“海市蜃楼”现象就是光折射造成的。

“夜半钟声到客船”是1 200多年前的诗句，诗句概括的科学事实不断为后来的科学发展所证实。人类对自然的认识逐渐进步着，我们沐浴在科学发展的薰风化日之中。当我们反复吟诵这优美的诗句时，又怎能不叹服这诗句的语言美和科学美的完整结合。千年来日益发展的科学技术，不正是对这诗句作更为精细详尽的注解吗?

千锤打锣一锤定音

25 Chapter

在数以百计的中国古乐器中，钟和鼓是很特别的两种乐器。每一座古庙里有钟鼓楼，每一座城里也有相当规模的钟楼和鼓楼。

图1　北京大钟寺永乐大钟

究其原因，大约是因为在所有的中国古乐器中，这两种乐器的音量最大，传得最远，据说北京大钟寺的永乐大钟(图1)可以声闻十里之外。所以它们除了用来奏乐外，还用来传达号令，通达信息。寺庙里和城市里的钟鼓楼(图2)就是作这种用处的。寺庙里僧侣开饭，就要敲“斋钟”；直到民国年间，学校里上下课报时还是用打钟的方式；古时计时不方便，城市里设专人报时，在夜间通过敲钟或击鼓报时，就称为“打更”。

图2 北京鼓楼

古时候，不像现在，有扩音机、电喇叭、电话、手机等通信手段，要在战场上指挥部队，全凭军官的嗓门喊。所以选将的标准，嗓门大是一个很重要的条件。《三国演义》上描写张飞一出场，是“声若巨雷，势如奔马”，就是为后来张飞统帅千军万马张目。不过，主将的嗓门再大，在战场上他的命令也很难让每个战士听到。何况打战时厮杀和人的喊声混成一片。就是“声如洪钟”的主将也是无能为力了。

正是因为钟鼓的声音大可以传得远的特点，所以在军队作战中，还充分利用它们。特别是鼓，用作进攻的号令。主将命令击鼓，三军便呐喊前进。成语“鸣鼓而攻之”、“一鼓作气”、“鼓噪前进”、“鼓足干劲”、“偃旗息鼓”、“旗鼓相当”等，都是从鼓的这种用处引申出来的。

前面说，军队进攻的号令用击鼓。而退却的号令就不能再用击鼓了，否则容易造成混乱，而要另想办法。人们自然想到可以用敲钟的办法。钟固然声音大，可以传得远。但是它太重，不像木和皮制的鼓，可以由人抬到战场上。像前面提到的永乐大钟，重量有 46.5 t，要移动它一步都是非常困难的事。钟是金属制造的，金属的比重不像木头，要大得多，只要是有一定音量的钟，就得有数百公斤的重量。也许有人会问，不可以把钟铸得小一点吗？是可以铸得小一点，不过太小的钟，音量也小了，敲击它，响声和摇铃铛差不多，传不远。还是不能用来发号令。

适应既要音量大，又要重量轻的要求，这便产生了“锣”。由于重量轻，音量又大，在许多场合锣便逐渐取代了钟的地位。钟鼓便逐渐演化变成锣鼓。到现今为止，有各种用处的锣，其种类不下数十种。有大锣(图 3)、小锣、掌锣、云锣等。锣最早产生在中国，现今世界上大型管弦乐队里的几十种乐器中，唯一来自中国的乐器就是锣。

图 3　大锣

锣和钟一样，除了作为一般乐器使用外，还作为传达信号来用，特别是由于它便于移动，用来传达军事号令。所以古书上描写战争时，说“鸣金收军”，这里的“金”其实就是锣。“鸣金收军”就是以敲锣下达命令，让部队退下来。在中国几千年的历史上，锣还被大量应用于召集集会，卖艺的打锣开场等不同的用处。记得还在民国时期，故乡的村长要向全村通知什么事，总是拎一面锣，站在村子的高处，先敲一阵锣以引起注意，然后再大声喊叫(图 4)。

怎样制造一面锣，使它音量大、传得远，而且还好听？这里面大有讲究。

图4　发通知打锣

首先，既然声音是物体的振动带动周围的空气运动所形成的，所以要使物体发出大声音就要使物体的范围大，使它运动时能够尽量多地影响周围的空气。从这一要求来说，大的钟和鼓都是很不错的。它们都有很大的体积，振动时能够带动很大体积的空气同时振动。所以它们发出的声音也很大。在管乐器中的号角也能够满足这一要求。吹号时，整个号管中的空气都随之振动。所有后来号角也可以在战争中传送命令。所谓鼓角齐鸣，就表述的是这种情形。

在众多的古乐器中，弦乐器虽然委婉动听，但因为发声时振动的只是一根弦，带动的空气很少，所以声音也小。鼓所以声音大，是因为发声时，整个鼓皮都振动起来带动鼓皮两侧的[illegible]气。面的振动比起线的振动带动的空气多多了。锣正是取[illegible]这种优点，也是以一张铜合金的板振动发声。鼓和锣是[illegible]或板振动发声，它们属于同一类。属于这一类的乐器还[illegible]镲、钹等，不过由于发声时振动体的面积无法与锣和[illegible]所以声音也就小多了。

看来，要使锣发出较大的[illegible]首先要把锣的锣面做得足够大。

其次，要问的是，有足够面积的锣就是一面好锣了吗？当然不一定。要是这样简单的话，取一张足够大的圆的铜板就可以了，还要专门制作锣吗？

其实，一张好锣它不但声音大、传得远，还要好听。锣面适当大，当然声音也会大起来。相应地也会传得远。但是要使锣发出来的声音好听，除了要选择好的铜合金材料外，还要有一些技术问题，制作一面好锣的关键恐怕也就在这里。

我们前面说过，锣和鼓的发声是靠板或膜的振动来发声的。而板和膜的振动是非常复杂的。密度张力和长度给定的弦，总会产生一个固定频率的振动，从而发出一个固定高度的声音。而板则不同，即使敲击一块形状规则、厚度和密度都均匀的板，各种频率的振动会一齐产生，这些频率之间又不谐和，所以最终发出的是很难听的噪声。

在敲击一个物体时所产生的振动称为这个物体的固有振动，上面说的密度张力和长度给定的弦，它的固有频率就只有一个，或者这个频率的倍数。所以弦振动所产生的声音是很和谐的。而板这种物体的固有频率是非常多的，习惯上，把这种物体称为固有频率密集的物体。就是说敲击它们所产生的自由振动有许多相近频率的振动产生。而每一个固有频率对应于一个固有的振动形式，称为振型。将图 5 与图 6 对照，会发现弦的振动是很简单的，而板振动的振型是非常复杂的。

要打造锣，使它发声好听，实质是要使板的一些不希望要的振型不生振动，或虽然产生振动但能量很小，由它发出的声音不大。为要适当改变板的刚度，使我们想要的振型变软，易于发生，使的振型变硬而不易发生。通常锣做得中间薄而边框厚，而且就是希望中间部分易于发声，而边界部分基本不发声。

不过，单凭在中薄边界部分加厚的办法，还是不足以使中间部分振动而边振动。这是因为，中间部分不能减得过薄。否则会使锣的声音变得单薄音量也大为减小。为此还需要想法在中间部分增加平面内的压力。如果说，把锣打造成型，是“千锤打锣”的话，那么想法在中间部分增加平面内的压力的几锤，就是“一锤定音”。它是打造锣最重要的几锤。

还是来看弦的振动，我们知道，在相同的密度与长度下，弦的张力愈大，弦的振动频率愈高。减小张力会使频率降下来。进一步，拿一根弹性杆来看，增加两端的拉力，会使振动频率增加，减小张力，也会使它的频率降下来。现在如果把这根杆的张力进一步减小，减小为负值，即由张力变为压力，振动频率还会进一步降低。不过这个压力要加得恰到好处，不能过大，过大了，超过它的临界压力，直杆就变为弯曲的杆了，压力反而释放了，等于没有加压力。

回过头来看打锣，如果在把我们前面成型的锣的中间部分放

图 5　弦振动的振型

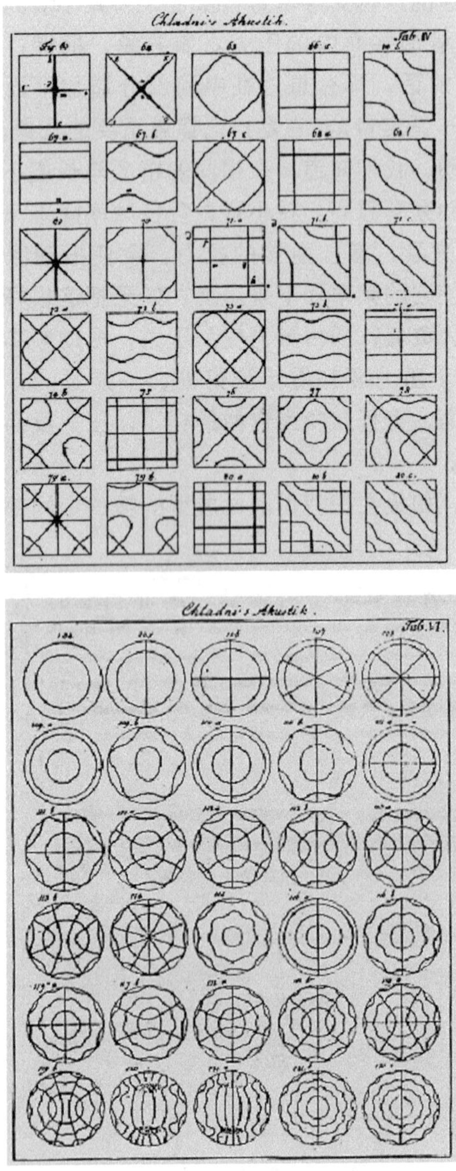

图 6　方板与圆板振动的振型

在铁砧上，并且适当重地打几锤，这时，中间部分还会继续变薄，由于铜合金的延展性，同时它的面积会扩大。但是锣的边界部分是比较厚的，约束它不容许它扩大，于是这部分便从自然状态变为受压状态。由于处于受压状态的锣的中间部分频率会进一步降低，我们就使这部分的振动与锣的其余部分的振动有相当不同的固有频率。在敲击锣时，我们听到的就主要是这个频率。

由于最后把锣放在铁砧上的这几锤，轻重、部位、均匀度都起很重要的作用。因为它可以决定成品锣最后振动频率的高低、振动的纯粹程度和和谐程度，所以是十分关键的技术。这就是所谓“千锤打锣一锤定音”。

参考文献

[1] 刘延柱. 振动理论[M]. 上海：上海交通大学出版社，1997.

最早发表在《力学与实践》，2007，29(5)：81-82.

怎样制作笛子

26
Chapter

笛子是非常普通的一种乐器，从小学生到职业演奏家，从牧童到文人雅士，都可以手持一管，吹出自己喜爱的乐曲。

笛子的历史非常悠久。在先秦的文献中已有记载，然而那时的笛子有点像箫，竖着吹。在河南舞阳贾湖出土的 8 000 年前的 16 支骨笛，笛有 7 孔，东汉马融(79—166)《长笛赋》却说笛有 4 孔，说明 7 孔笛到东汉已失传了 6 000 多年。现在的笛子估计是汉代从少数民族传来的。初时称为横吹，或羌笛。唐代诗人王之涣的名句“羌笛何须怨杨柳，春风不度玉门关”所指的羌笛就是现在的笛子。最早的笛子只有三、四个指孔，因为那时的音律只有五音，没有后来的 fa 和 xi。后来才定型为六个指孔。西洋的长笛起步很晚，大约公元 1100 年才有类似中国六个指孔的笛子的记载。几经改进，到 19 世纪才定型为有锥形管、键式长笛。锥形管计算、制作都比较复杂，本文只谈中国笛子的问题。

笛子的制作说起来是十分简单的事，找一根竹管、金属管或塑料管，打几个洞就可以了。但仔细推敲起来，却并不简单。问题是：怎样挖洞，怎样确定洞间的距离，才能使笛子发音准。笛子的制作虽历经数千年，却至今没有一个令人满意的公式来计算洞间的距离。1975 年出版的一本书介绍笛子的制作时，还是这样说的："开孔先开吹孔，堵上笛塞，然后开基音孔。开始先钻小一些，边扩大边试吹，听筒音是否准确。如低时可向靠吹孔边扩大一些；如高时，则向另一端扩大一些。"就这样，从基音孔起一孔一孔地边开边吹，一不小心，一根笛料就报废了。实际上，如果没有一根现成的好笛子在身边，即使一开始开一个小孔也不知道应该开在什么地方。所以，虽经过千年历史仍不免有点盲目性。

乐器和力学有密切的关系，许多著名的力学家都从事过乐器的研究。明朝王子朱载堉(1536—1611)曾从事过乐器研究，在世界上最早制定了的十二平均律。英国大力学家瑞利(Rayleigh，1842—1919)的巨著《声学理论》是一本研究乐器与振动的经典著作。笛子的制作也是一个经典的力学问题。笛子从吹孔到指孔长度同发音频率的关系，应当能运用力学知识加以精确化。以往也有过不少研究，只不过误差较大不能符合实际需要而已。

笔者曾花过一段时间自己制作过各种尺寸的笛子，并初步总结了一些规律，特别是总结出一个计算指孔距离的公式。现在把它写在下面以供爱好者参考。

如图 1 表示一根笛子，图中距离皆以孔中心起算。图中 0 表

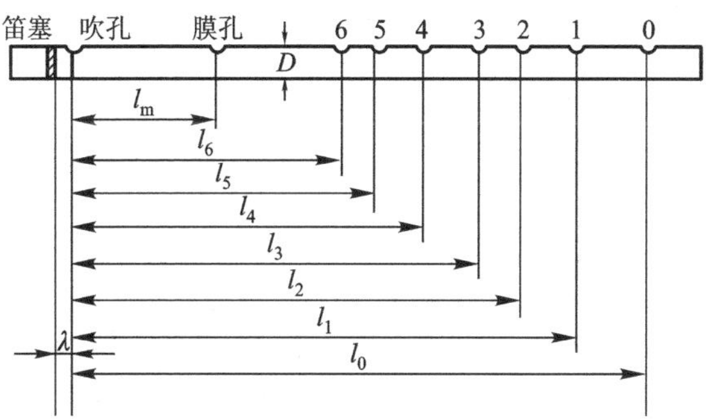

图 1

示基音孔，1,…,6 等数字表示第 1,…,6 个指孔。

(1) 笛管直径 D 与 l_0 之比以 $l_0/D\approx 20$ 较好，过短时共鸣性能差，发音不丰满。过长则由于空气的黏性作用使发音不均匀，即近基音孔端数音音量小，近吹孔的数音音量大。

(2) 笛塞到吹孔的距离 $\lambda\approx 0.8D$ 为好，过大过小皆影响音准。特别是影响高阶泛音的音准。

(3) 孔径 d 一般依管径略有变化。一般取 $d=5\sim 8$ mm，具体说：

$$D=11\sim 12 \text{ mm 时 } d=5 \text{ mm}$$

$$D=13\sim 14 \text{ mm 时 } d=6 \text{ mm}$$

$$D=15\sim 16 \text{ mm 时 } d=7 \text{ mm}$$

$$D\geqslant 17 \text{ mm 时 } d=8 \text{ mm}$$

d 过大则吹奏时指端不易堵严指孔，所以指孔直径在 8 mm 以上的笛子很少。吹孔比上述指孔直径略大 1~2 mm 皆是正常的。且吹孔可以做成椭圆形的，其长轴沿笛管。

(4) 吹孔到指孔的距离 $l_i(i=0,1,\cdots,6)$ 与发音频率 $f_i(i=0,1,\cdots,6)$ 的关系按下式计算：

$$l_i=v/2f_i-\Delta l(i=0,1,\cdots,6) \tag{1}$$

式中 v 为声速，可以近似取 $v=345\ 700$ mm/s。它约为气温在 25 ℃时的声速。之所以这样取，是考虑无论冬夏，人体吹出的气体均带有体温，吹奏一段时间后笛管温度会近似于 25 ℃。气温和这个温度的误差对音准的影响可以略去。

按照物理学研究的结果，两端开管的共振频率 f 与长度 $\tilde{l}$ 的关系为

$$\tilde{l}=v/2f \tag{2}$$

式(1)与式(2)的区别在于右端有一个修正补偿长度 Δl。这是由于在开启指孔以外的一段空气柱也参与部分共振，吹孔也是开端，但比较小，还应计及笛塞到吹孔段影响以及管外空气的惯性修正。所以 Δl 的引进即使对于两端开口带有直管亦是必要的，

对于笛子则更加不可略去。

据笔者总结各种尺寸笛子的规律，若近似取

$$\Delta l = 4D \tag{3}$$

则笛子的音准基本可以保证。于是我们有

$$l_i = \tilde{l}_i - 4D \quad (i = 0, 1, \cdots, 6) \tag{4}$$

这个公式用于箫也是非常准的。

现将笛子音域范围的频率及由式(2)算得的$\tilde{l}$列表如下(以mm为单位)：

音名	G	$G^{\#}$	A	B^{b}	B	C^2
f	372	415.3	440.0	466.2	493.9	523.3
$\tilde{l}$	441.0	416.2	392.8	370.8	350.0	330.3
音名	$C^{\#}$	D	$D^{\#}$	E	F	$F^{\#}$
f	554.4	587.3	622.3	659.3	698.5	740.0
$\tilde{l}$	311.8	294.3	277.8	262.2	247.5	233.6
音名	G	$G^{\#}$	A	B^{b}	B	C^3
f	784.0	830.6	880.0	932.3	987.8	1 046.5
$\tilde{l}$	220.5	207.9	196.4	185.4	175.0	165.2
音名	$C^{\#}$	D	$D^{\#}$	E	F	$F^{\#}$
f	1 108.8	1 174.2	1 244.6	1 318.5	1 396.9	1 480.0
$\tilde{l}$	155.4	147.2	138.8	131.1	123.7	116.8

举例说，要制作一根G调的笛子，第三指孔为G，查上表得它的音阶顺序为下表所示：

孔号	0	1	2	3	4	5	6
音名	D	E	$F^{\#}$	G	A	B	C^3
$\tilde{l}$	294.3	262.2	233.6	220.5	196.4	175.0	165.2
$\tilde{l}-\Delta l$	242.3	210.2	181.6	168.5	144.4	123.0	113.2

基音孔对应的$\tilde{l}=294.3$ mm，选直径 $D=13$ mm，于是 $\Delta l=52$ mm，由式(4)算得实长 l 列于上表的末行。

为了发音准确，在基音孔外部最好留出 $2D$ 长的多余部分。如果多余部分过长，则在基音孔外约 $2D$ 长的部位打两个孔，以减少这段多余部分管中的空气参加共振。同时这些孔也可以起装饰作用。

孔心按上述尺寸定好后即可以用 $\phi6$ 的钻头直接打孔。

(5) 膜孔，距吹孔 l_m 到 $l_0/4$ 最好。这样可以使各音较好的振动，它不应处于任何音(包括超吹的高音)的波节上，否则吹这个音时笛膜将不起作用。吹起曲子来，个别音等于没有笛膜，效果不好。

按上述各点将笛子的孔打好后，安上笛塞。笛塞要严密、光滑，塞得不透气，可以用通常的软木塞或橡皮削制。打好的各孔还需用小刀或锉刀修饰一下，刮去毛刺，并且使各孔边缘向内倾斜。最后贴上笛膜。

好，一管音阶较准的笛子做好了。吹奏时，若吹某音，则对应这个音到基音孔的指孔全部打开。这种笛子与传统的笛子稍有不同，传统笛子 fa 稍高 xi 稍低，靠调整指法符合音准。现在你的这根笛子对预先规定的调名(如上面说的 G 调笛)指法就非常简单。如果适当变换指法还可以吹出几个升降半音来，上述 G 调笛子可以吹出 C 调(筒音为 2)和 F 调(筒音为 6)来。如果你还想多吹几个半音，那么在笛子上可以多打几个半音孔，把拇指与小指也用上。经过一段练习，你一定能用它吹奏出美妙动听的乐曲来。何妨一试?

最早刊登于《力学与实践》，后被收入《身边的力学》(北京大学出版社，1997)及《力学诗趣》(南开大学出版社，1998)中。

与公路交通事故有关的研究

27 Chapter

随着现代化的进程，交通愈来愈繁忙。目前在全世界的公路上奔驰着有两亿辆以上的汽车[1]。随之而来的是交通事故频频发生，汽车已成为当今世界非疾病的第一杀手。据统计，美国1972年死于公路事故的就有55 000人，以后由于采取各种措施，有所下降。我国的汽车比美国少得多，但是近年来增加很快，2002年全国死于公路交通事故的竟有10.9万人之多。我国仅在1988年就发生各种车辆与火车在铁路口相撞车祸2 000多起，铁路机车被撞坏800多辆，汽车被撞坏2 000多辆，伤亡2 000多人。1989年美国过圣诞节当天，死于高速公路车祸的就有345人，高于平日2.5倍。1985年1月11日，联邦德国的科隆附近的高速公路上，由于雪后路滑，造成155辆汽车相撞、11人死亡、41人受伤的车祸[2]。英国王妃戴安娜、美国将军巴顿、因写《飘》而世界著名的美国女作家玛格丽特·米切尔、中共一大代表刘仁静等都是因车祸身亡[3]。世界上每年死于公路交通的有50多万人，而因为车祸受伤的人大约是这个数字的7倍[4]。自1885年德国本茨造出了世界第一辆汽车以来，一百多年中，累计已有2 000多万人丧生在车轮之下[2]。表面看来，公路交通事故没有像空难和铁路交通事故那样引起媒体的传播，那样出名。但是其他各种交通事故遇难人数的总和，还不到公路车祸的零头。

因此，为了减少公路车祸，交通管理部门、汽车制造厂商、防护医学部门都投入了大量的人力、物力进行研究。

所谓车祸，不管是发生了碰撞、爆炸、跌落到沟下、还是翻了车，无非是车子突然改变了原来的运动状态。从力学上说，就是突然产生了异乎寻常的加速度。因之，从根本上说，对车祸的研究主要是一项与力学有关的课题。

首先，车祸大半产生于司机疲劳时，由于这时易于发生判断和操作失误，从而导致车祸。为了使司机不易疲劳，就要把司机的座位做得舒适些，保持良好的通风使车内的空气保持新鲜，各种仪表和车外的情况易于看清，转向盘、离合器以及变速装置易于操纵。这方面的研究是属于人体工程的内容。人体工程是20世纪50年代兴起的一门新的技术学科。举例来说，司机坐的这张椅子，怎样做才能使司机舒适就很有讲究。这就要仔细研究人坐上去以后每一点的压强，它的曲面形状和柔软程度要使得压强尽量均布和减小。司机的两手和两脚方便的活动空间有多大，每样操作是否都方便和省力。这些都是要不断研究和改进的。再例如，人在车辆行进的条件下，对车辆的加速度、振动的敏感程度，耐受程度，以及人体本身在碰撞条件下不致受伤、不致骨折、不致死亡的临界条件。这些都是设计好的驾驶座位时要研究的基本问题。

其次，在各种事故中最常见的一类是两车相撞，或汽车和障碍物相撞。这时，汽车突然停止前进，而坐在车里的人，由于惯性还以汽车原来的速度向前。以一辆以90 km/h前进的车子来说，撞车时车子停了，而人却以25 m/s的速度继续前进，它大约相当于人从10层楼上跳下来落地时的速度，何况从楼上跳下落地时地一般是平的，而在惯性前进的人要碰到驾驶盘、车窗等，结果一般是头颅被前玻璃窗撞破而受伤，或者是司机向前撞在驾驶盘上，肋骨和心脏受伤害。

为了防止和减少这类伤害，人们早就采用安全带来降低碰撞时人的速度。图 1 表示一辆乘客系了安全带的车子和另一辆乘客没有系安全带的车子相撞的情形，上面是开始相撞时，下面是相撞后的情形。系安全带的乘客往前的惯性运动被安全带减速，最后由于安全带的弹性，又回到原位上，没有系安全带的乘客，则继续以车速向前运动，显然他们受的伤害要大得多。

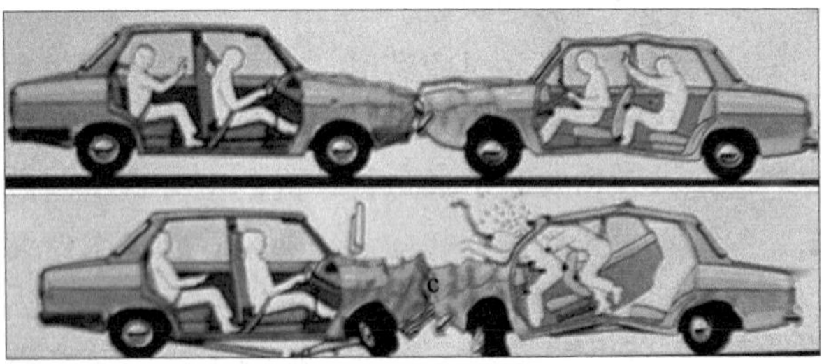

图 1　撞车时系安全带与否的情况[1]

对安全带的力学性能的研究还有很多工作要做，它不能太宽也不能太窄，太宽了妨碍驾驶操作，太窄了撞车时人和带间的压强过大，人会被安全带勒伤；它的弹性要适当，不能太刚也不能太软。太刚了，安全带好像固壁，人会被安全带伤害；太软了，碰撞时安全带被拉得过长，人会碰到其他物体上受到伤害；它的强度要足够；它最好还能够吸收能量，即被拉长后，回弹的力量尽量小，以避免回弹时的二次伤害。其实，如果能有一条智能安全带，就会最大限度地减少伤害，即要求在撞车时，安全带的伸长是根据人受的力量来控制的，使人受的力量总是处于不致伤害的最大力。

研究表明，现今质量合乎要求的安全带可以使负伤率降低到 43%～52%，在低于 95 km/h 的速度下的碰撞不会有死亡。如果没有安全带，即使在速度为 20 km/h 时的碰撞也会发生死亡。

为了减少碰撞时的伤害，人们还把转向盘和它的支撑系统做成柔性的。这样，当人因为撞车被惯性运动向转向盘撞去时，转向盘又可以吸收一部分能量。

从 20 世纪 70 年代开始，人们还发明了一种气囊在碰撞时减缓人和转向盘之间的冲击。它的基本思想是，当撞车时，汽车获得较大的加(减)速度，这时装在车上的传感器测得这个加速度，当它超过一定的数值时，便自动将预先放置在转向盘上的一个气囊充气。这个气囊在人和转向盘之间形成一个软垫，减少了人的碰撞部位的局部压力，也就避免了伤害。应当指出的是，汽车碰撞只是一瞬间的事，这一切必须在更短的时间内完成。

以在 90 km/h(25 m/s)的速度行进的汽车来说，当它突然停止时，人以这个速度继续前进，在人和转向盘之间的空间假定有 25 cm，那么人的这个速度到达和转向盘相碰只要百分之一秒，就是说从传感器检测加速度到气囊充完气，应当在几个毫秒甚至是若干微秒的时间内完成。显然只有在气囊内引进一个小的爆炸才能满足这个要求。而这在技术上又要仔细研究，因为爆炸小了气囊不能充足气，大了这个爆炸又要把人炸伤。

近来统计表明，气囊和安全带联合使用可以进一步减少车祸的伤害。

第三，上面说的是关于为防止事故伤害在车座上的研究。其实在车身结构的研究上也很复杂。从简单的动量定理可以知道，加大了车身的质量，在与质量较小的车子碰撞时，它的速度改变较小。据统计，车重加大 1 倍，碰撞时可以减少伤害危险一半。所以近年来汽车的自重有所加大。

另一方面，如果能够设计汽车的刚度使碰撞的过程适当延长，在碰撞过程中适当加大碰撞后的变形量，这时就可以成倍地减小碰撞时汽车的加(减)速度，伤害也就会随之减少。这种设计思想，就是尽可能地增加在碰撞过程中汽车变形所吸收的能量，使碰撞时的动能，包括乘客运动的动能，尽可能多地被汽车的变形部件吸收。所以近年来，研究能量吸收装置是应用固体力学的一个研究热点。设计在汽车前边的保险杠就是在碰撞时和别的车辆最先接触的固体部件，它的变形过程就需要认真地研究，使它符合以上的要求。研究能量吸收装置需要较多的固体力学的知识。能量吸收装置的研究不仅在汽车碰撞问题中有广泛的应用，在船体、飞机、军事防护工程中都是很重要的研究课题。

第四，对车祸的研究，现场考查当然是一种方法，但是为了取得完全的数据往往需要做大量的模拟试验。图 2 表示美国通用汽车公司的实验室在做汽车与固壁碰撞试验。试验时，汽车里坐的是一个模型人，它的质量分布、刚度和关节活动程度都尽量做得和真人一样，在汽车上和模型人上装满了各种传感器，以测量所需要的数据。事故对人体的可能伤害、安全带和气囊的有效性、车身结构的强度、刚度和能量吸收性能，都要通过这类试验反复验证。

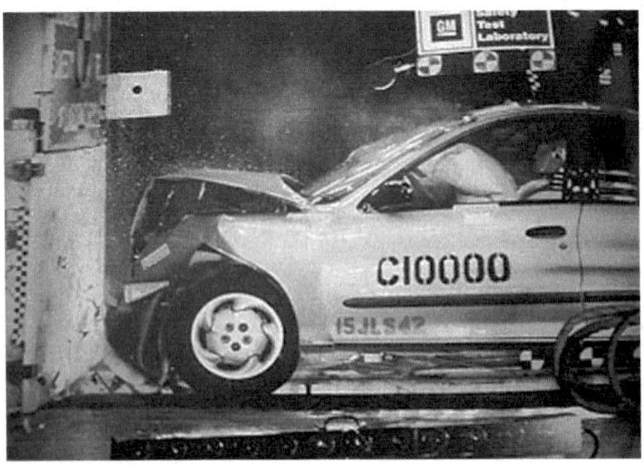

图 2　通用汽车公司做汽车对固壁的碰撞试验[4]

最后，以上的防范措施都是在事故发生之后如何减少伤害上做文章。如果能使事故不发生，那么一切伤害就没有了。为此，交通管理部门改善路面条件、采用更为醒目的路况标志、根据道路情况适当限制行车速度、严格禁止酒后开车和非司机开车，以及健全各种交通法规、提高驾驶人员的素质，这些都为减少交通事故做出了贡献。但是，要在这些方面都管理得合理，又要开展有关方面的研究。例如，如何快速检测司机开车时是否饮了酒、司机从发现路面异常情况紧急刹车到车子停稳一共需要多少时间、在下过雪路滑的条件下车辆之间的合理的安全距离应当是多少、公路的弯曲对事故的影响；在发生了事故后，如何根据事故的现场痕迹判断行车速度和驾驶情况，以确定汽车是否曾经超速或违章，从而确定事故的责任者；在汽车上是否也需要像在飞机上一样，装上一个黑盒子，以记录在事故前几秒钟内汽车的行驶数据；在挑选飞机的驾驶员时，对人的心理反应速度的要求是很严格的，而在发放汽车的驾驶执照时就没有这样严格，有些人的心理反应速度不适合驾驶汽车，如何使用简单的方法把他们检测出来，不给他们驾驶执照，以保障了这部分人的安全；等等。

总之，仅仅从公路安全的角度来看，待解决的问题就还很多，还需要投入大量的人力、物力进行研究。为了挽救每年公路事故中丧生的50万人的生命，这种投入是值得的。为了减少公路事故人们还需要走很长的路。

参考文献

[1] The ramdom house encyclopedia, rondom house, 1971.

[2] 李原，黄资慧.20世纪灾祸志[M].福州：福建教育

出版社，1992.

[3] 王玮著．汽车神话[M]．北京：北京大学出版社，1998.

[4] 1997 Medical and Health Annual. Encyclopedia Britannica, Inc. 1996.

小资料：

1. 1997年8月31日英国王妃戴安娜丧生车祸。1945年12月21日美国将军巴顿因车祸在德国海德堡去世。因写《飘》而世界著名的美国女作家玛格丽特·米切尔1949年8月16日死于车祸。中共一大代表刘仁静等因车祸身亡。苏联的著名物理学家、诺贝尔奖金获得者朗道，1962年1月7日因车祸脑部受伤后昏迷达六个星期，之后就终止了研究工作，并于1968年逝世。

2. 在短距离赛车时，车速可以高达450~500 km/h。这个速度是市内行车速度的10多倍。稍有差错便有生命危险。1955年在法国的拉曼举行车赛，一辆奥斯汀赛车忽然驶向道路的一侧，打算给后面的赛车让路。一辆奔驰300SLR躲闪不及从奥斯汀赛车身上飞过并冲向看台，除车手丧生外，83名观众当场死亡，100多名受伤。之后奔驰汽车公司为谢罪天下，退出比赛，直至1995年，才重返赛坛。

3. 图片

图3　1889年在伦敦街头的一次汽车事故

图 4　美国洛杉矶的四层公路立交桥

图 5　泰国曼谷街头拥挤的车流

图 6　北京的公路立交桥

最早刊登于《力学与实践》，2003，25(4)：74-76.

2000 年刊登于《中学科技》第 7 期，其标题为《围剿“第一杀手”——车祸》。

28 Chapter 说热机效率，话冷却塔

1712 年，英国人托马斯·纽可曼(Thomas Newcomen，1663—1729)发明了大气压蒸汽机(图 1)。这种机器具有汽缸与

图 1　纽可曼的蒸汽机

活塞，在工作时，先把蒸汽导入汽缸，这时汽缸停止供汽而汽缸内进水，蒸汽便遇冷凝为水使汽缸内气压迅速降低，就可以使水吸上来。之后再把蒸汽导入汽缸，进行下一个循环。最初的这种蒸汽机大约每分钟往返十次，而且可以自动工作，使矿井的抽水工作大为便利，所以不仅英国人使用，在德国与法国也在使用。这种机器被称为“矿山之友”。

蒸汽机不是英国人瓦特(James Watt,1736—1819)(图2)的发明，瓦特的贡献是对蒸汽机进行了一系列改进。其中最重要的改进有两项，一项是发明了冷凝器，大大提高了蒸汽机的效率，另一项是发明了离心调速器使蒸汽机速度可自由控制。在瓦特的改进之后蒸汽机才真正在工业上被普遍使用。

图2 瓦特像

1763年，格拉斯哥大学的一位教授委托瓦特修理纽可曼蒸汽机的模型，瓦特当时对蒸汽机所知不多，他便边学边修，并且对蒸汽机产生了浓厚的兴趣。蒸汽机的模型很快就修好了，他从此与蒸汽机结下了不解之缘。他进一步的研究发现，纽可曼的蒸汽机效率很低，耗费蒸汽太多。为了解决这个问题，瓦特对不同气压之下的水的沸腾现象进行了大量研究。他发现水在大气压之下变为蒸汽时，体积扩大了1 800倍。进一步的研究发现，纽可曼的蒸汽机效率之所以低是由于在用水去冷却汽缸时，汽缸的温度变冷了，这样汽缸又要消耗过多的蒸汽去再加热。

1765年5月瓦特提出了使蒸汽从汽缸排入另一容器的想法，这个容器后来被称为冷凝器。经过反复试验与改进，他的装有冷凝器的蒸汽机在1769年制成了，并在同年的4月25日提出了专利。新的蒸汽机效率提高了很多。图 3 所示在左下方的水箱便是瓦特添加的冷凝器。

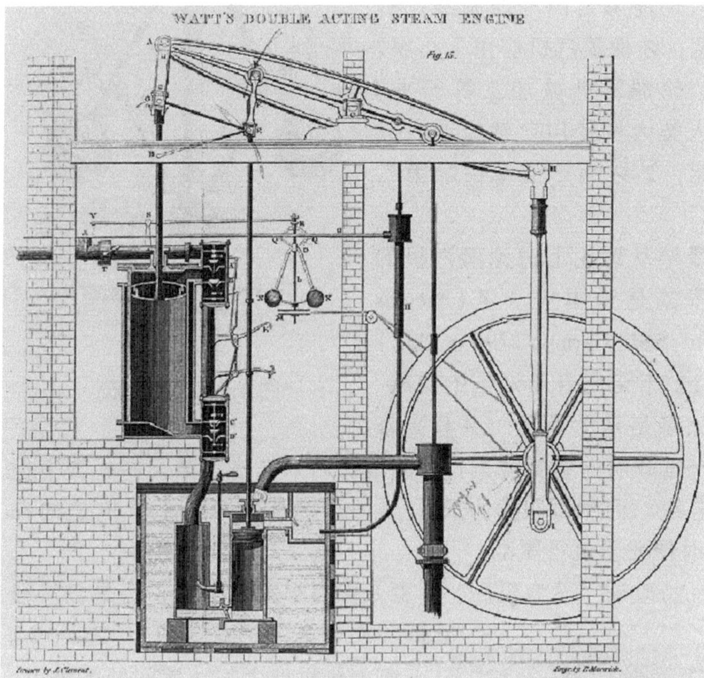

图 3　瓦特的蒸汽机

瓦特的另一项重要发明是在蒸汽机上安装了离心调速器(图 4)，这大约是 1782 年前后的事情。这种调速器的构造是利用蒸汽机带动一根竖直的轴转动，这根轴的顶端有两根铰接的等长细杆，细杆另一端各有一个金属球。当蒸汽机转动过快时，竖轴也转动加快，两个金属小球在离心力作用下，由于转动快而升高，这时通过与小球连接的连杆便将蒸汽阀门关小，从而蒸汽机的转速也便可以降低。反之，若蒸汽机的转速过慢，则竖轴转动慢了，小球的位置也便下降，这时连杆便将阀门开大，从而使蒸汽机转速加快。离心调速器是一个基于力学原理的发明，它是蒸汽机所以能普及应用的关键，也是人类自动调节与自动控制的开始。由于人们能够自由地控制蒸汽机的速度，才使蒸汽机应用于纺织、火车、轮船、机械加工等行业，才使人类大量使用自然原动力成为可能，这才有产业革命的第二阶段。

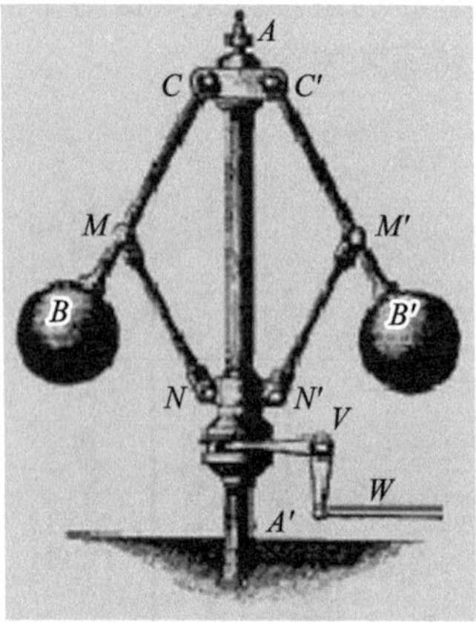

图4　离心调速器

最早从理论上讨论蒸汽机的热效率的是法国人卡诺（Nicolas Léonard Sadi Carnot，1796—1832）（图5）。卡诺出身于法国的望族，他的父亲是法兰西第一共和国拿破伦一世政府的重要官员，他的侄儿后来在法国第三共和国中担任了总统，而他却没有从政，成为一名科学家。不幸的是他在36岁时便死于流行霍乱。

瓦特改进了蒸汽机后，尽管效率有很大的提高，但是仍然很低。在卡诺的时代，只有4%~5%。卡诺为热机产生的功率问题所吸引，他从一般的观点提出问题：一架热机的效率最大能达到多大？在1824年出版了他的研究结果——题为《论火的动力》的小册子。这本小册子只有66页的篇幅，也是他一生中唯一的科学著作。

图5　卡诺像

卡诺的结论是，热机的最高效率取决于热机内的温度差。对于一般的蒸汽机来说，令 T_1 是蒸汽的绝对温度，T_2 是冷凝器的绝对温度，则热机所能达到的最大效率为 $\eta=(T_1-T_2)/T_1$。

这个式子说明，热机的效率只取决于这里的两个温度，而与热机使用的是什么介质，是水、是空气无关，也与在热机中的温度是怎样变化的，是快、是慢，是均匀、是不均匀无关。卡诺的研究结果表明，热量从高温物体向低温物体的趋势使我们不可能从给定的热量获取最大的，即效率为 1 的机械功。这便是后来称为热力学第二定律的内容。

卡诺所讨论的是蒸汽机，后来人们把通过热来作功，即把热能转换为机械能的机器，或者是把机械能转换为热的机器，例如制冷机、空调机等统称为热机。

卡诺研究的结论启示我们，要提高热机的效率必须向两个方向去努力：其一是提高机器入口处介质的温度 T_1，其二是降低机器出口处介质的温度 T_2。提高温度 T_1 有一个限制，这就是热机材料在高温下会变得不结实。例如钢铁，在 1 200 ℃ 就会熔化，不能承受任何压力，在 600 ℃ 以上就会变软，在一定的高压下会缓慢地变形而导致破坏。所以通常用钢铁制造的蒸汽机或汽轮机，蒸汽的温度大约不能超过 560 ℃，即绝对温度大约不超过 840 K。一般航空用的发动机，是用特殊材料制造的，燃气温度可以达到 1 200 ℃。由于温度提高了效率会提高许多。所以为了提高热机入口的温度，需要研究新的耐高温的材料。

普通可行的提高热机效率的办法，是降低热机出口的温度。这就是，要对热机出口的介质进行冷却。就以通常的汽轮发电机来说，它的蒸汽入口温度是大约 560 ℃（833 K），出口温度大约是 40 ℃（313 K），它的热效率是 0.62。这个效率当然是在十分理想的情况下计算得到的。实际用燃烧煤来发电，效率还会因为锅炉和其他部分的热损失而降低很多。现在如果把出口温度降低 10 ℃，效率就会变成 0.64。即效率提高了 0.02。如果把它换算成输出功的百分比，降温得到的输出功率增加了 0.03。

可别小看这通过降低出口温度提高的这 0.03 的输出效率。

就以华北电网来说，它的发电装机容量大约是 7 000 万千瓦，它的 0.03 是 210 万千瓦。按通常的城市电费以每度(每千瓦小时) 0.4 元来计算。210 万千瓦，每小时电费是 84 万元，每天就是 2 016万元。一年就可以达到 70 多亿！这是一个相当大的数字。所以靠降低热机出口温度来提高效率，节约能源的效果是相当可观的。

用什么办法来使汽轮机的出口温度降低呢？自然界最容易得到的，热容量又比较大的物质就算水了。所以通常都是用水来冷却的。

一座大型发电厂对冷却水的需求量之大是惊人的。一台 10 万千瓦的发电机，大约需要 3 m^3/s 的水流量去冷却，这就是说一座百万千瓦的发电厂，需冷却水约 30 m^3/s。需知北京市的用电量是数百万千瓦，而像北京城边的永定河平均流量只有 20 m^3/s左右，何况天旱时河水还会断流。而且直接用河水冷却后，水温上升，再排入河中，还会产生热污染的严重问题。冷却塔就是为解决这一难题而建造的。

如果你远望一座大型发电厂，最引人注目的是一座或数座顶端冒白汽、外形为旋转双曲面的庞然大物，这就是冷却塔。它们是用来做什么的？粗略地说，是为了提供发电设备冷却水用的。

冷却塔的工作原理如图 6 所示，冷却热机的水被热机加热后，用泵打到塔筒的淋水装置 h 高程，然后以淋水方式喷洒下来，在降落的过程中，水被空气冷却了而空气却被加热了，加热后的空气比重减小，所受浮力增大，在浮力作用下，空气上升到塔顶冒出。塔愈高，空气浮力愈大，空气上升速度也愈大，冷却效率也愈好。

冷却后的水降入水池，然后再被用于冷却热机，循环不已。所以冷却塔在缺水区建电厂是绝对必需的。用冷却塔冷却可以比用直流水冷却省水 97%，并且使水温平均降低 11 ℃。其中 3%的水是随空气上升的水蒸气散发到空气中去了。

对于缺水的地区，损失的这3%的水，其数量也是相当可观的。为了节约这部分水，冷却塔被做成“干式”的。即热交换不是用水淋下来的方式，而是让热水通过像暖气片那样的热交换器来实现。水蒸气就不会跑到大气中去了。不过，干式冷却塔的效率一般说要低些。

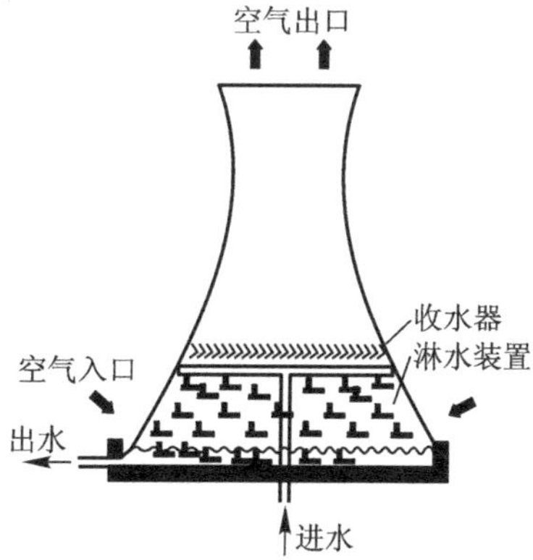

图6　冷却塔示意图

设计冷却塔需要很精细地计算冷却塔内的空气和水进行热交换，估计一座发电厂需要建造多大的冷却塔，淋水面积需要多大，冷却效率怎样。

设计冷却塔的另一个困难是它的强度。冷却塔的结构主体是一种典型的薄壳结构。目前典型的大型冷却塔(图7)大约高150 m，底部直径大约是150 m，就是说，它的底部可以容纳一个足球场。然而它的厚度却很薄，最薄处只有20 cm。如果将冷却塔成比例地缩小到鸡蛋壳直径大小，则它比鸡蛋壳还要薄，仅及鸡蛋壳厚度的1/5。这大概也就是冷却塔结构分析的难度所在。从20世纪初冷却塔面世以来，随着发电机组容量加大，冷却塔也愈高大。1965年11月1日，英国渡桥电厂的8座冷却塔在8级风中倒了3座。1973年9月

图7　大型冷却塔

27日，英国Ardeer又在大风中倒了1座冷却塔。之后，国外在地基下沉，以及施工期都有倒塔事故的报道。这些事故引起了国际上的普遍注意，事实说明在设计冷却塔时，对它的外载与应力分析应当给以格外充分的注意。

上面说的是发电热机的冷却问题，对于制冷机、空调机等设备，为了提高效率，也有冷却的问题。特别是对于那种大型建筑的集中空调，或大型冷库，也需要在房顶或适当的地方建造一个冷却塔。不过这种冷却塔规模很小，没法和发电厂的冷却塔相比。图8所示就是一座典型的这类冷却塔。

为了提高航空发动机的效率，也需要冷却发动机出口的温度，不过这时就不能使用水来冷却了，一般要使用快速流动的空气或别的介质。这类高效率的冷却方案需要更精细的研究。而提高冷却的效率方案，不管对蒸汽机、汽轮机、燃气轮机，还是对制冷机，迄今一直是人们努力研究的方向。

图8　小型冷却塔

本文为《物理教学》特约稿，2007(3)：1-4.

29 Chapter 马路，是越宽越好吗？
——谈谈城市的道路规划问题

眼下在我们国家，马路越修越宽。北京的东西长安街1949年以前是京城第一街，宽度却只有11 m。1949年以后，经过多次拓宽，现在有40～50 m宽，加上两侧的人行道总共有60～70 m宽。近来又开通了多条宽街道，平安大道、白颐公路，一条比一条宽。起先是六车道，后来是八车道，现在是十车道、十二车道了。道路宽了，是显得气派。不过，该堵车还是照堵不误。就以1997年底完工的十车道的白颐路为例，在开通以前堵车还不十分明显，加宽以后倒是每一个十字路口都经常堵车。

交通拥挤和堵车，这几乎是现代城市的发展的顽症和最严重的障碍。据统计，北京市公共汽车的平均速度只有8 km/h，这已经低于自行车的速度。之所以产生这种情况固然与这两年车辆增加有关，不过是否在道路的规划上也有需要思考的问题呢？

人们可能有一种直觉，似乎道路越是宽阔，越是对车流的通畅有利。应当指出的是，对于完全封闭的公路，道路越宽，单位时间内通过的车辆越多。就是说，道路的车流量与它的宽度成正比例。不过，对于一般市内的不封闭的道路，即有许多路纵横交叉的情形，这个结论就大成问题了，有仔细分析的必要。

就以东西和南北两条宽度相同的道路来说，东西亮绿灯时，南北必定亮红灯；南北亮绿灯时，东西必定亮红灯。就是说，道路只要有一次交叉，车辆通过的效率就降低了一半。更进一步说，并不是东西方向一亮红灯，这个方向的车辆就可以戛然而止，南北方向的车辆就可以全速前进。实际情况是，在东西方向的红灯亮了以后，等到在这个方向上行进在交叉路口的车辆和行人完全通过了，南北方向上的车辆才能起动。

基于以上这种分析，我们来定量地描述一下。设在道路上行车的平均速度为 v，行人的速度为 v'，车流密度，即行车时道路的单位面积上的车辆数是 ρ，纵横相交叉的两条道路的宽度都是 h，交叉口红绿灯维持的时间长度都是 τ。

易于计算，在全封闭式的道路上单位时间的车流量为 ρvh。它的车流通过效率设定为 1。而在有交叉的道路上通过效率便只有 1/2 了。进而，考虑到两种情形：

一种是，一条路红灯亮了，但是还有车辆、行人在交叉口，要等到这部分车辆、行人全通过了，亮绿灯的另一条路才能通行，考虑到行人通过道路的时间为 $\tau'=h/v'$。所以，另一条道路车辆的通过时间应当扣去这部分等待时间。

第二种是，当绿灯亮了的时候，原来停止的车辆并不能立刻加速到行驶的平均速度 v。我们设加速过程是等加速的，并且是在行进道路的宽度 h 的过程中完成的。于是如果没有停止，本来通过交叉口的时间是 h/v，现在由于是从静止起动得花时间为 $2h/v$，浪费了起动时间 $\tau''=h/v$。

把以上两种情况合起来，每次红绿灯交换时，道路的有效通过时间为 $\tau-\tau'-\tau''=\tau-h/v'-h/v$。于是，总的通过效率应当是原来的

$$(\tau-\tau'-\tau'')/\tau=(\tau-h/v'-h/v)/\tau。$$

也就是说，在交叉路口，车辆通过的效率与相同宽度全封闭

式道路相比，比例系数为

$$\eta=\frac{1}{2}(\tau-h/v'-h/v)/\tau \qquad (1)$$

实际上，这个比例系数还要小些，因为在全封闭的道路上，车辆的行车速度比起在闹市道路上的平均车速要大许多。

从式(1)可以看出，道路的宽度 h 越大，效率就越低。以现在一般城市的道路管理来说，τ 大约是 45 s。以人行速度 2 m/s，在市区汽车的平均速度为 10 m/s 来计算。如果道路宽度为 60 m 和 30 m，可以分别算得在交叉口的通过效率为

$$\eta_{60}=\frac{1}{10},\eta_{30}=\frac{3}{10}$$

可见马路宽了，车辆的通过效率反而下降了许多。实际上与人们的错觉相反，道路越窄(当然是至少要能通过一辆车的宽度)通过效率便是越高。修两条 30 m 宽的道路的通过效率，是一条 60 m宽的道路通过效率的 6 倍。

以上的讨论，是基于车辆和行人都百分之百的遵守交通规则，如果只要有一个人或是一辆车闯了红灯，在马路的交叉路口就会乱套，车辆的通过效率还要降低许多。

由以上的讨论，我们可以得出在城市内的道路规划的以下原则：①以建设全封闭式的道路通过效率最高；考虑到全封闭式的道路造价太高，而且给行人造成很多不便，在城市中还是要有大量的交叉道路，于是应当：②在道路占地的总面积相同的条件下，交叉道路窄比宽好，这样可以多修几条道路，道路的密度大了，总的通过效率会提高许多倍。

现在我们进一步考虑一条路有两个交叉路口，如果两个路口的红绿灯切换是互不相关的，则这条道路的效率应当等于在两个路口车流效率的乘积。一条道路的交叉路口越多，它的车流效率就越低。宽的道路车流效率低，有多处交叉的宽道路车流效率就更低。所以宽道路是很不合算的。实际上我们也经常遇到这样一

种情况：坐上车过每一个十字路口都要等红灯，有时路不长，等的时间比行车的时间还要长。这实在是烦人！

看来，对有多处交叉的道路，必须想法改进和制订路口的红绿灯切换规律，以提高它的车流效率。在一条有多处交叉的直道路上，我们问：有没有办法，使以平均车速 v 行驶的汽车只遇到一次红灯？就是说，一位司机只要按照规定的平均速度开车行驶，他在一次遇到红灯后，过以后的路口便都是绿灯。办法是有的，这就要仔细地安排各个路口的红绿灯切换时间，并且仔细考虑道路的布置。

首先让我们来讨论单行路的情形，设 AB 是一条直的单行路，车辆只允许从 A 向 B 的方向行驶。设在 $A=P_1,P_2,P_3,\cdots,P_n=B$，有 n 个交叉口。各个交叉口的距离顺序为 $l_1,l_2,\cdots,l_{n-1}$。现在，设想在时刻 $t=0$ 时道路 AB 上的 P_1 路口的绿灯亮了，延续时间 τ 以后是延续时间 τ 的红灯，如此下去。在 P_2 路口，在时刻 $t=l_1/v$ 亮绿灯，延续时间 τ，以后是红灯，如此下去。在 P_3 路口，在 $t=(l_1+l_2)/v$ 亮绿灯。如此，在 P_i 路口，在 $t=(l_1+l_2+\cdots+l_{i-1})/v$ 亮绿灯。一旦这个亮绿灯的时刻确定了，在它前后红绿灯的切换时刻都可以由延续时间 τ 来完全确定。

采用以上的红绿灯切换方案，对于重要的单行路来说，可以提高车辆的通过效率。不过对于双向行车的道路一般就不可能实行了，因为对一方面的行车满足了只停一次红灯的条件，对于对面来的车就不能保证。至于要能够做到纵横交错的每一条道路上都能够只停一次红灯的条件，那就不仅在红绿灯的切换方案上想办法，而且要在城市的道路布置上想办法。

现在我们设想在一个城市的纵横交错的道路，按纵横都是同样间距的分布来布置道路的。不妨把这个间距记为 l(包括它穿过的道路的宽度)。这时，我们把城市中没有纵或横道路通过的单元称为“块”(Block)。这个城市就是由纵横交错的主道路所切割成的这种以 l 为边长的正方形块的和来组成。对于这样规划和建设的城市，我们就有可能使在每一条道路上的直行车，在它以规定的行车速度行进时，只要停一次红灯。这是一种理想的有利于市内交通的城市规划方案。

令在整个市区的行车平均速度都是 v，每一个交叉路口的红绿灯延续时间都是

$$\tau = l/v$$

则交叉路口的红绿灯可以采取相间切换，即在横向路上某个路口是绿灯，它的前后路口都是红灯。在同这个路交叉的纵向是红灯，它的前后两个路口都是绿灯。而且在各条路上的顺序各个路口都是红绿灯相间。这时以速度 v 横向行驶的车，到下一个路口便恰好遇到绿灯。同样纵向行驶的车在按绿灯通过交叉路口后，在下一个路口也必定遇到绿灯。

设令行车的平均速度为 10 m/s(合 36 km/h)，如果令 τ 为 30 s，则

$$l = v\tau = 300\ \text{m}$$

就是说，在城市中设置块的边长应当是 300 m 或是它的倍数。

按照这种道路的设置，τ 为 30 s 对行人过街似乎短了一点，因为 τ 短了按照式(1)车流效率就要减小。这时可以采用在过街人行道的街心设安全岛，行人可以在一次绿灯时间中通过街宽的一半，另一半在下次绿灯时再通过。这样就相当于把式(1)中的路宽 h 减小了一半，所以车流效率还是保证的。

另外，300 m 的块，也略嫌大了些，还要在块中间适当安排一些可以通一个车道和行人的单行路(行人可以不必单行)，在单行路的交叉路口也不必设红绿灯。行进在主车道上的车辆需要左拐时，可以通过在这种单行路上三次右拐来实行(图 1)。

对于城市的已有街道是纵横交错，各段路又是不等距的情形，干脆所有路口同时开关红绿灯。这样，一半时间是南北通行，一半时间是东西通行。即每一辆车还有一半时间行车。而所有路口随机开关红绿灯，平均每一辆车就不一定能够有一半时间

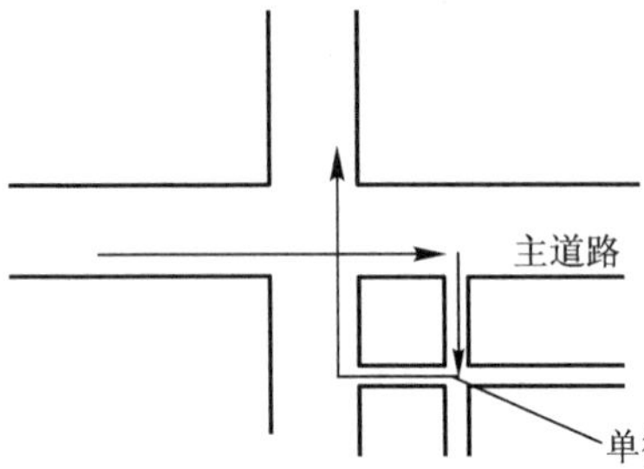

图 1

能够行车了。

本文讨论的道路和城市交通规划问题，只是一种初等的和简单的探讨。并没有涉及一些高深的问题。例如车流的动态问题，道路不同交叉口之间车流的相互影响问题，车流高峰期的统计规律问题等。在这些方面会导向专门问题的研究，它的研究不仅会提高车流效率，也将会影响现代的城市规划。

最早刊登于《力学与实践》，2000 年第 6 期.

30

Chapter

西方的“放血疗法”是怎么回事?

在世界各地的早期医疗历史上大都有所谓的放血疗法。大约在纪元前 1500 年在埃及就有医蛭放血疗法，是用医蛭进行吸吮，起到放血的作用。在中国传统医学上也有放血疗法，又称“针刺放血疗法”，是用针具或刀具刺破或划破人体特定的穴位和一定的部位，放出少量血液，以治疗疾病的一种方法。藏医中采用特殊的放血刀，在患者身体的特殊放血部位进行放血。这些放血疗法所放的大都是在肿毒部分，适应于瘟病、疖疮、疮疡、丹毒、黄水、麻风等热症，所放的血也是少量的。

不过，在西方大约从 4 世纪开始有一种大量放血的治疗方法。一次大约要放掉 12 到 13 盎司(约合 340~370 克，有一杯之多)的血，有的则一直放血放到病人感觉头晕为止。

图 1 所示是 15 世纪一本书上关于放血的插图。图 2 是 1662 年关于放血的一张油画。

随着放血疗法的发展，放血业务不仅由专门的医生来做，后来理发馆也做起放血的生意，并且逐渐取代医生，成为理发馆的一项专门业务。所以在西方的理发馆门口多悬挂一个旋转的红白

图 1　15 世纪的一张放血的插图

两条螺旋带子的柱体，作为理发馆的幌子。红色的带子表示血管，白色的带子表示止血带，有的还增加一条蓝色的带子，这时红、蓝带子分别代表动脉和静脉血管。而且至今虽然理发馆已经不做放血生意了，按照传统还在使用这种招牌(图 3)。

图 2　1662 年关于放血的一张油画

西方的这种大量放血疗法的根据是什么呢？在古代的西方有一种所谓“液体病理”的理论，说人体含有多种液体，如血、痰、胆汁等。这些液体的过多或不足都会致病。放血的作用就是排除多余液体一种措施。中世纪西方的有钱人，特别是那些贵族上层人物、绅士们，还要在一年中定期放血，一般要在春秋各放血一次。放血的另一种作用是使女人看上去更好看，这和西方当时的审美观有关，使她们既显得白皙，又不会因为害羞而满脸通红。所以西方的贵妇人也经常放血。据说法国17世纪路易14的皇后梅茵蒂农夫人(Madame de Maintenon,1636—1719)(图4)，曾经是一位教师，她要每两周放血一次，以免在宫廷里听人讲述色情故事或寻欢作乐时因脸红而有失仪态。

图3 理发馆的招牌

图4 梅茵蒂农夫人

从现在医学发展的水平来看放血疗法，似乎有点荒诞不经。不过也不能说放血疗法一点道理也没有。据目前的健康普查表明在美国大约有三分之一的成年人患有高血压、高血糖或高血脂的"三高"症。在中世纪甘饮餍肥的贵族群体中，虽然那时还没有近代的身体检查手段，不过可以想象，他们中患"三高"的比例一定不在现在普通人群之下。而放血疗法是把一部分血放掉，这不管是对降低血压来说，还是对减少血液中血糖和血脂的含量都是有好处的。所以放血疗法对于那些患"三高"的患者确实是有暂时的缓解作用的。

正是放血疗法对这一部分人的疗效，加上当时医疗理论是带有迷信和不科学的色彩，有时还和占星术等学说混在一起，人们便误以为放血疗法对一切疾病都有疗效。于是放血疗法便被滥用。只要得了病，哪怕只是头疼脑热能够不治自愈的小病，也要放血。久而久之，人们为它制造了各种理论。经常是人们发现它的问题，使用的人少了，又有一种新说法出来为之辩护，于是又兴盛起来。以至于在西方社会能够经千年而长盛不衰。

放血疗法一个滥用的例子是美国开国总统华盛顿。他是一位放血疗法的狂热信奉者，并且多次为他的佣人施行过放血疗法。1799 年 12 月 14 日华盛顿生病，发烧之外还有呼吸困难。他的管家和医生在一天之内先后分四次给他放血，总共放掉了 125 盎司左右的血，合 3.5 升左右，这个血量大约是成人总血量的一半。当天晚上华盛顿就逝世了。据后人研究华盛顿患的不过是普通的喉与气管的感染，要不是放血过多，是不至于送命的。

随着医学科学的发展，今天放血疗法已经没有人再使用了。即使对“三高”有暂时疗效也不采用了。因为现代医学发展了一整套完善的检测血压、血糖与血脂的简单而又方便的方法。对经过科学检测已经知道患了“三高”的人，也已经有一套更为科学的有针对性的治疗方案。到了 20 世纪，放血疗法已经逐渐被淘汰了。

至于中医或藏医中有针对性地采用少量放血的疗法，有时还是必要的。即使在西医中，利用医蛭吸吮臃肿块附近的淤血，也还是一种常规的有效的治疗方法。所以即使是对放血疗法，全盘肯定和全盘否定都是不科学的。

从放血疗法的兴衰，我们可以看出，只有进行精确的基础科学研究，才能够确定一种行为是否真正有效，才会减少盲目性。无论是东方还是西方，从盲目走向自觉，走向科学是全世界的共同趋向。

31 Chapter 从“腐草化萤”说起

萤火虫是很讨人喜欢的一种昆虫。历代有许多名人写它、歌颂它。

我们这里暂不去说它怎么美。单来谈论它是怎样生出来的。

中国人认为萤火虫是由草腐烂变化出来的。恐怕至少有两千年的历史了。最早说到萤火虫是由草腐烂变化的是取材于春秋战国时代，成书于西汉的《礼记》，书中说：“季夏之月，腐草为萤。”稍后，在《吕氏春秋》上说：“腐草化为蚈。”这里“蚈”就是萤的意思。汉朝刘安编的《淮南子》也同意这一说法称：“腐草化为萤。”之后这种说法就抄来抄去，有两千多年而没有变。

晋朝崔豹编的《古今注》、唐朝徐坚等编的《初学记》、宋朝李昉等编的《太平御览》、清朝张英等编的《渊鉴类函》、清朝陈元龙编的《格致镜原》、明朝李时珍编的《本草纲目》等大型类书都无例外地照抄照引。所谓类书，是中国古代形成的一种类似现在百科全书式的书籍。很便于人们查询。

草腐化萤说法的影响所及，一些出名的文学家和学者也陈陈相因。我们可以粗略地举一些例子。晋朝的傅咸《萤火赋》有名句:“哀斯火之烟灭兮，近腐草而化生。”南朝梁，诗人沈旋诗句:“火中变腐草，明灭靡恒调。”唐杜甫诗句:“幸因腐草出，敢近太阳飞。”韦应物诗句:“时节变衰草，物色近新秋。”刘禹锡诗句:“汉陵秦苑遥苍苍，陈根腐叶秋萤光。”李商隐诗句:“于今腐草无萤火，终古垂杨有暮鸦。”宋朝的诗人真山民有诗句:“微踪一腐草，霜重不禁秋。”

在清朝曹雪芹写的《红楼梦》第50回“暖香坞雅制春灯谜”中，有一个谜语的谜面是“萤”，打一个字。书中写道:

众人猜了半日，宝琴笑道:“这个意思却深，不知可是花草的‘花’字?”李纨笑道:“恰是了。”众人道:“萤与花何干?”黛玉笑道:“妙得很！萤可不是草化的?”众人会意，都笑了说:“好!”

这种例子要举还可以举很多。它说明“腐草化萤”影响的深远。其普及的程度可以说只要是读过书的人就会认同，其影响之长久达两千多年。

“腐草化萤”为什么会影响如此广，持续时间如此长呢?这自有一番道理。唐朝孔颖达对“腐草化萤”的注释说:“腐草为萤者，腐草此时得暑热之气，故为萤。不云化者，蔡氏云，鸠化为鹰，鹰还化为鸠，故称化。今腐草为萤，萤不复为腐草，故不称化。”

孔颖达的解释是很能自圆其说的，第一，萤尾有火，季夏之月正是最热的三伏天气，腐草得到这种暑热之气，便为萤了。第二，腐草为萤之后，不会再变为腐草了，所以只能称“为”不可称“化”，在这里他批判了《吕氏春秋》和《淮南子》称“化”的说法。当时认为鹰和鸠二者是可以变来变去的，所以可以称“化”。可以体会他的意思是，凡是可逆的变化，可以称“化”，不可逆的变化只能称“为”。其实用“化”还是用“为”，只不过是咬文嚼字而已，实质没有什么区别。

一方面人们能够自圆其说，另一方面，人们又的确看到，在最热的夏天，成群的萤火虫从草丛里飞出。所以就深信不疑和天经地义的了。

然而，在数千年的历史长河中，也竟然有一位学者敢于冲破这貌似金科玉律的教条，而另立新说。这就是生于南宋时期永嘉菇田(今温州市溪口村)的戴侗。

戴侗，字仲达，南宋末年著名文字学家，理宗淳祐元年(1241 年)戴侗中进士。著《六书故》33 卷。所谓六书，指文字的象形、指事、形声等中国文字的六种构成方式。这里“故”同“诂”，是用近代的语言解释古文字的意思。《六书故》实际上是一本别创新意的字典。

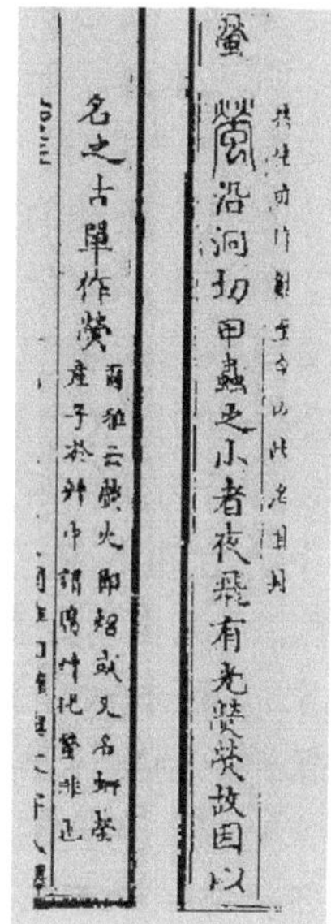
螢 螢 沿洞切甲蟲之小者夜飛有光熒熒故因以名之古單作熒 爾雅云熒火即炤或又名蚈螢產子於艸中謂腐艸化螢非也

图 1 四库全书中《六书故》“萤”字的注释

我们在《六书故》的“萤”字条下的注释中看到：“甲虫之小者，夜飞有光荧荧，故因以名之，古单作荧。”接着又用小字注释：“尔雅云，荧火即炤，或又名蚈。萤产子于草中，谓‘腐草化萤’，非也。”

在这里，“萤产子于草中，谓‘腐草化萤’，非也。”仅十三个字。却抵得上千万字的陈词滥调。它浓缩了作者多少次观察的结果，喊出了对萤火虫第一次真正科学探讨和对传统批判的声音。

戴侗非同凡响的结论，却招来一些守旧人物的议论。明末学者方以智，在他所著的一本类书《通雅》中，说到“萤”时，称：“合溪曰：亲见萤产草中，不信腐草为萤。不知实阳气蒸腐草，湿热所化也。或先气化，而后相生有之。”方以智这里所指的合溪，是戴侗的别号。书中指名道姓地批驳戴侗，他不仅重复《礼记》中的论点，并且做了进一步的引申，说是腐草被阳气蒸腾为湿热所变化为萤，也有先化为气，再生成萤的情形。

中国人做学问，一直是遵从孔子在《中庸》中所说的："博学之、审问之、慎思之、明辨之、笃行之"的原则。这就是说要学、要问、要思辨、还要按照学到的去做。向谁学呢？向圣人学、向书本学，而不是向自然界学。更为核心的是"慎思之、明辨之"中"思辨"两个字。这里没有独创，也没有实验和观察。

尽管在漫长的历史中，中国也不乏有识之士，提出不同的主张。例如春秋时代的《老子》提出"道法自然"。意思是说，理论是要反映自然界真实情形的。还例如南朝齐，天文学家祖冲之(429—500)在《上新历表》中批判"贵耳而贱目"，就是说，不应当以耳听为实，眼见为虚，而应当是眼见为实，耳听为虚。在实践上，祖冲之又"亲量圭尺、躬察仪漏、目尽毫厘、心穷筹策"。他亲自用仪表观察测量和用筹码来仔细计算。清代著名医学家，《医林改错》的作者王清任(1768—1831)，亲自进行过尸体解剖，他批评那些凭想像而写的古医书是："以无凭之谈，作欺人之事，利己不过虚名，损人却属实祸。窃财犹谓之盗，偷名岂不为贼！千百年后岂无知者！"但是这种良好的科学态度，在强大的儒学氛围之中，始终不能形成传统，最后趋于泯灭。就我们讨论的萤火虫如何产生的问题，按照中国的传统，要让一位鸿儒爬在草堆里，去观察萤火虫怎样产卵，真是很难的。正因为如此，戴侗的结论才是非常难能可贵的。

现代科学在西方的发展，也只不过有三百来年的历史。大约是从相当于中国的明朝开始的。是哥白尼(1473—1543)、第谷(1546—1601)、开普勒(1571—1630)、伽利略(1564—1642)开创的现代科学的实验和观察的传统，才使西方科学很快发展了起来。

对于昆虫的研究，我们必须提到法国的一位教师，法布尔(Jean-Henri Fabre,1823—1915)(图2)，他以毕生的经历从事观察和研究昆虫，有许多重要的发现。他被后人誉为"现代昆虫学之父"。法布尔以近30年(1879—1907)的时间把他对昆虫的观察资料写成了有十卷之多的《昆虫记》。这套书引人入胜，引导了不少人后来成为自然科学学者。中国在1932年曾经在上海出版过法布尔《昆虫记》的减缩本，把法布尔开始介绍到国内。

图2 法布尔像

通过法布尔的观察，我们知道萤火虫是食肉性小甲虫，它是农作物的“卫士”、“高级麻醉师”，它能巧妙地将蜗牛和钉螺等害虫麻醉倒，再用它管状的嘴将害虫的肉(变成流质)喝下去。

现在我们还知道，萤火虫的生长发育和许多昆虫一样，一生要经过卵、幼虫、蛹、成虫四个阶段，属完全变态昆虫，它的一生只有大约半个月长。世界上的萤火虫约有2 000多种，有的还能发出三色光来。

图3 萤火虫的卵与幼虫(上)，成虫(右上)，吃蜗牛的萤火虫幼虫(右)

据科学研究，37 只萤火虫发的光，相当于一支烛光，但每次发光所含的热量仅是烛火的四十万分之一，因此人们叫它“冷光”。我们早在晋朝就有收集萤火虫当作灯光来照明读书的记载。据《晋书·车胤传》说：“胤幼时，家贫不常得油，夏月则练囊盛数十萤火以照书，以夜继日焉。”现在，科学家们正在研究像萤火虫那样效率非常高的光源(称为冷光源)。

科学的新发现，不仅要思辨，更要精细的观察和实验。人类对萤火虫的认识和了解，非常生动地说明了这一点。正是因为有像戴侗那样肯于观察的人，不断观察和实验的积累，“腐草化萤”之类的说法，才被揭穿，认为是无稽之谈。

发表于《自然杂志》，2005，27(3)：182-183.

32

Chapter

谈镜子和回射器

镜子发明得非常早。据说埃及在公元前 3000 年就已经用青铜做镜子。中国在公元前 500 年也已经出现青铜镜。我们这里只讨论作为反射光的镜子，而不谈透镜。

考古发现，中国的铜镜不是凸的就是凹的，平的很少。

中国古代的镜子有两种。一种是凹面镜，用来反射日光取火的，也称为阳燧。另一种是凸面镜，用来照人的。

《古今注》："燧，铜镜也，以铜为之，形如镜。照物则影倒，向日则火生，以艾承之，则火出。"从物理光学知道，对于凹面镜，物体在镜子的焦距以外，物体的像是倒着的，如果物体在焦距以内则会得到比实物为大的正像。《古今注》是晋朝人崔豹写的。其实，春秋战国时代的著作《墨经》上，已经有关于镜的光学解释。

在我国，用来照人的镜子为什么要做成凸的呢？这恐怕有两重原因。第一，凸镜的视野比较大。用平镜照人，人必须站在镜子的正前方，才能照见，如果站得偏离前方，照镜的人在镜子中间就看不到自己，而看到的是旁边的景物。凸镜的视野比较宽，照镜人稍微偏离镜的正前方，在镜中也可以看见自己。正因为凸镜有这个优点，所以现今在汽车上驾驶室边上装置的几面反光镜，都是凸镜，汽车行进时司机可以从镜中看到车左右和后面的景物(图 1)。

图 1　汽车上的反光镜

凸镜的另一个优点是像比实物小，于是为了看比较大的场景，镜子可以做得小。我们知道，在平面镜中，要看清楚一个人的全身，镜子得做得有半人高，要看清楚人的面孔，镜子也得做得有半张面孔大。在古时候，铜是仅次于金和银非常贵重的金属，我国古代的货币都是用铜铸造的，拥有更多的铜，意味着有更多的货币。所以在铸镜时，为了要节约铜，同时又要使镜子能够照见面孔或全身，显然把镜子做成凸镜是非常合乎这种要求的。所以通常我们看到的古镜，只有巴掌大小，做得都很精致，上面还有各种纹饰或铭文。只有在皇家或权贵人家才会有比较大的平面镜。

古代铸镜用的是铜锡合金，比较脆。在一块有棱的石头上一磕，就可能破碎成两块。我们知道，脆性物体断裂后的断茬是各不相同的。有多少裂口，就有多少不同的断茬。人们根本没有办法复制。就是用现代技术也很难复制得一模一样。据唐朝孟棨著的《本事诗》中记载一则实事：南朝陈将亡，驸马徐德言预料乱中夫妻会分离，便把一面镜破为两块，夫妻各执一块，以便以后相认时，作为信物。(一说是把两个半块镜子都给了妻子)并约定在正月十五到京城去卖，以通消息。其妻乐昌公主按预定之日托人到市上，被徐德言看见买了下来，并托来人捎去一首诗："镜与人具去，镜归人不归，无复嫦娥影，空留明月辉。"后来终于夫妻得以团圆。"破镜重圆"的典故就是这样来的。

用玻璃做镜，是很晚的事。古代，玻璃只能少量生产，比较贵重，只能作为装饰品。称玻璃为"琉琳"、"流离"、"琉璃"或"月明珠"等。13 世纪之后，首先在意大利发明了大批生产玻璃的方法。到 15 世纪就出现了玻璃做的镜子。我国的铜镜直到清代才逐渐被玻璃镜取代。随着近代工业的发展，现在做镜子用的材料，除了用玻璃外，还用铜以外的其他金属和塑料。

用玻璃做的镜子一旦出现，就有许多新花样，镜子也可以做得更大。穿衣镜、哈哈镜、探照灯用的抛物面镜、万花筒等，有的整座大楼的外部全都用玻璃镜贴面，不一而足。

前面介绍的，不管是平面镜、凸镜还是凹镜，都有一个共同的缺点，就是照镜时，人得站在镜子的正前方。凸镜略好，不过人对镜子正前方的偏离也不能过大。有没有一种镜子，允许人对正前方有很大的偏离，还能够照见人呢。也就是说，不管光线从镜子的什么角度射来，镜子都能够把光线沿着原来的方向反射回去。

有的，这种镜子称为回射器(retroreflector)。把三张平面镜相互垂直地粘结到一起，形成一个角锥。就像空间坐标系的一个挂限一样。这个镜子的角锥就是一个回射镜(图 2)。人只要处于角锥内部，不管在什么地方，都能够看见自己完整的像。也就是说，处于角锥内部的任何一束光线，经过角锥的反射，会沿着与原来入射的方向平行地反射回来。

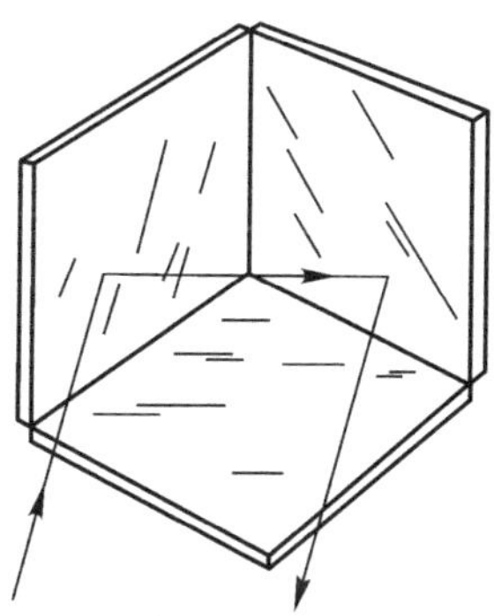

图 2　三个相互垂直的平面镜所组成的简单的回射器

按照上面做的回射镜，虽然有不

在乎人所处的地方的优点，但是由于平面镜的交线不容易做得十分精密，所以照出的人影，身上有几道线，很不舒服。所以人们并不用它来照人，而是用它来把射来的光线反射回去，一般便称为回射器，也称为逆反射器。

通常自行车尾部都装置一个小的用塑料做的回射器。它是由许多小格组成的，每一小格都是三个相互垂直的平面镜。这样，在自行车后面行驶的汽车，就可以凭借自己的车灯，很远就会发现前面的自行车。因为自行车上这个小小的回射器可以把汽车车灯的光线反射回汽车的方向，不管汽车和自行车相对位置怎样。因为回射器的主要功能并不是要照物体的像，只要大致能够把光线沿原路反射回去就行，不必做得十分精密。

回射器使用得是很广泛的，我们知道在高速公路上是没有路灯的，汽车夜间行车，速度很快，完全是靠各种回射器所制成的路标、文字、指示牌来行车的。有一些路标就是用和自行车尾部的回射器一样的原理制造的。汽车靠自己的车灯就可以辨别得很清楚。

还有一些用油漆画的行车线和文字标牌，是依靠另一种原理制成的回射器。这原理是一个折射率较高的透明球体对于入射的光，总会有一部分经过全反射沿原来方向反射回去。例如露珠、雨滴、玻璃珠，都有这种本领。你背着阳光察看露水或喷雾器喷出来的水雾，会看到一个个闪亮的光点。于是人们就想办法在涂写路标的油漆中添加极细的玻璃珠，其直径在不到一毫米，甚至细到直径只有若干微米。用这种油漆写的字，对光线就有回射的本领。如果再使用有一定反射能力的油漆本底，则这种涂料对光线的回射比例会更大。

由于在高速公路上采用了各种回射器做的路标。所节约的路灯能量是相当可观的。

利用回射器还可以进行精密的距离测量。1969 年美国阿波罗登月计划中，把一架回射器放置在月亮上，后来从地球上向回射器发射激光，再从地球上接受回射的光(图 3)。通过测量光线通过的时间，可以精确地计算出月亮与地球的距离。其精确程度，误差不超过6 cm。此外，在测量人造卫星的轨道、测量地球上较大的距离，以及精确地测量光速也都充分地使用回射器。月亮与地球的距离非常远，如果用平面镜，那么放在月亮上的角度误差就要求非常高，否则从地球发出的光线经过反射后就会回不到地球上，或者回到不方便的地方。现在用回射器，就没有放置精度的问题了。

图 3　阿波罗放在月球上的回射器

镜子的功能，是对光线进行简单的反射。而回射器的功能，是将光线从哪里来再送回哪里去，显然要复杂一些。制造简单而效率很高的回射器，仍然是现在应用技术研究的重要课题。

刊于《自然杂志》，2005 年第 6 期.

作者的话

From the author

说来别见笑。如果从 1958 年我从北京大学数学力学系毕业算起，混迹力学界已经 50 年了。50 年来虽然写过和指导学生写过不少论文，但直到接近耳顺之年，才真正认识到，写文章是给人看的。

1987 年，我受命于中国力学学会，出任综合性力学学术刊物《力学与实践》的主编。为了改进刊物，我曾经同我所从教的北京大学力学系的部分学生座谈，问他们看不看这本杂志。他们说看不懂。

这件事对我触动很大。《力学与实践》是我国力学界一本发行量最大的杂志，其中的大多数文章，却连本行业的大学生和研究生都看不懂，这说明杂志的文风存在问题。进而一想，现在学术界的确有一种把浅显的东西说得深奥难懂的趋向。似乎写得愈是难懂作者的学问愈是高深。对这种情况，我回忆起在 20 世纪 30 年代学界有一则歌谣说：“深入浅出是通俗，浅入浅出是庸俗，深入深出还犹可，浅入深出最可恶。”

联想到我自己过去发表的有些论文，虽不一定够上“最可恶”但也面目可憎，不禁汗颜。我想，杂志应当办得深入浅出、为人们爱看，必须从自己做起。

为此，我便约了好友王振东教授共同写一些大学生容易看懂而且有趣的文章陆续在《力学与实践》上发表，搞了一个专栏，名叫《身边力学的趣话》。几年下来，居然达到20多篇，由南开大学出版社结集为《力学诗趣》。这些文章影响所及，《力学与实践》后来收到不少作者同样风格的来稿，大大丰富了杂志的内容。

有一回，我应邀到太原理工大学给学生做报告，到会的学生比我预计的要多出许多。在报告开始前、学生们嘈杂的谈话声中，我听到有两位说“这就是捞面条的那个老师”。“捞面条”指的是我的《捞面条的学问》一文。后来还不断收到读者来信同我讨论我们文章中的问题。这些使我意识到我们的努力收到了一点效果。

之后，同行和好友给我许多鼓励。1997年我去香港访问，香港科技大学的余同希教授说：“多写点这种文章，这比你写论文对社会的贡献还要大。”

2000年，在大连遇到力学界的老前辈、力学学会前理事长钱令希先生，并向他索要墨宝。他当天就送我一幅条幅，以一手漂亮的行书写的是张继的《枫桥夜泊》诗，并在落款中附记云：“唐诗寒山寺《枫桥夜泊》素为脍炙人口之绝唱，力学家武际可著有《力学诗趣》，书中曾就夜半钟声句中概括之声音夜间传播之现象，以科学之美增益诗情画意之美。谨志”。这段话指的就是我的《夜半钟声到客船》一文。

通过这一段写作实践，对什么是“科普”才算是有了一点真切感受。有人把高技术，像纳米技术、基因工程介绍给大众；有的把新产品，像可视电话、高清晰度电视介绍给大众；还有的则是把科学技术中的新思想，像宇宙大爆炸、反物质等介绍给大众；更有的则是把奇怪事物收集起来，像尼斯湖的怪兽、百慕大三角洲、UFO、神农架野人，等等。总之，见仁见智，不一而足。而我的体会是，科普是要把科学中最普遍的规律中的美阐发出来，以通俗的语言使尽可能多的读者领悟。科普不是猎奇。它的真谛不仅是介绍，更主要的是挖掘和阐发、是研究、是创新。因此只有作者对科学深深热爱了，并且体味和挖掘出科学规律中的美来，才能写出以科学美来感染人的文章。科普的对象不仅是青少年、门外汉，而且可以是中老年和专家。钱令希教授对我的题词就是对我们在这方面努力的一种肯定、鼓励和概括。

在这本小册子里收集的32篇文章，就是这些年来我写的科普文章的一部分。其中排在最后的三篇，与力学关系不太大，但涉及技术发展和科学精神方面，也一并附在后面。

我眼下已经退休，将沿着这条路走下去，科普写作将变为我的主要追求和爱好。希望能够为科普做出更多贡献。